贵州省2021版 国家重点保护野生动物手册

主　　编：缪　杰
执行主编：粟海军　易茂红　朱惊毅

中国林业出版社
China Forestry Publishing House

图书在版编目（CIP）数据

贵州省2021版国家重点保护野生动物手册 / 缪杰主编;
粟海军, 易茂红, 朱惊毅执行主编. -- 北京:中国林业出版社, 2023.12
ISBN 978-7-5219-2459-6
Ⅰ. ①贵… Ⅱ. ①缪… ②粟… ③易… ④朱… Ⅲ.①野生动物－
贵州－手册 Ⅳ. ①Q958.527.3-62

中国国家版本馆CIP数据核字(2023)第235657号

策划编辑：张衍辉
责任编辑：张衍辉　葛宝庆
封面设计：北京鑫恒艺文化传播有限公司

出版发行：中国林业出版社
（100009，北京市西城区刘海胡同7号，电话010-83143521）
电子邮箱：cfphzbs@163.com
网址：www.forestry.gov.cn/lycb.html
印刷：河北京平诚乾印刷有限公司
版次：2023年12月第1版
印次：2023年12月第1次
开本：889mm×1194mm　1/32
印张：9
字数：230千字
定价：120.00元

编　辑
委员会

序

“万物各得其和以生，各得其养以成。”生物多样性是地球生命共同体的血脉和根基，野生动物是自然生态系统的重要组成部分，保护野生动物资源对维护生物多样性具有重要意义，更是推进生态文明建设的重要内容。贵州省地处祖国西南部，是全国唯一没有平原支撑的省份。国土面积17.62万平方千米，属亚热带高原山区，气候温暖湿润、水热条件良好，地貌类型多样，地表组成物质及土壤类型复杂，生境类型丰富，为各种野生动物栖息繁衍提供了优越的生存条件。截至2023年底，全省森林面积已达1106.16万公顷（1.66亿亩），森林覆盖率达到63%，贵州的山、水、林、田、湖、草在“四山八水”和广泛出露的喀斯特地貌地理框架下，成就了丰富而独特的生物多样性，使贵州生物多样性丰富度位居全国前列。目前，已知野生动物11442种，其中脊椎动物1085种，被列为国家重点保护的野生动物有195种和1类。

作为我国西部首个国家生态文明试验区省份，省委、省政府十分注重生态保护，大力推进绿色贵州建设，树立绿色发展理念，着力构建长江、珠江“两江”上游绿色屏障。在此大背景下，全省野生动物保护工作得到持续推进。近年来，我们开展制度建设，把野生动植物保护工作纳入全省“十四五”规划，省“十四五”林草保护发展规划专章部署野生动植物保护，制定印发全省“十四五”野生动植物保护规划；我们开展法治建设，加强与公安、检察院、法院等部门的密切协作，建立野生动植物违法犯罪打击整治工作厅际联席会议制度，持续开展“清风”“绿盾”等专项执法行动，严厉打击破坏野生动植物资源违法犯罪行为；我们开展体系建设，构建“林业系统+社会力量”的野生动物收容救护体系，编印《贵州省突发重大陆生野生动物疫情防控应急预案》，建成15个国家级疫源疫病监测站和12个省级监测站，建设全省陆生野生动物疫源疫病监测中心实验室和贵阳市初检实验室；我们以旗舰物种拯救保护为抓手，持续推进就地和迁地保护体系建设，积极构建系统完备、科学规范、运行有效的野生动物保护体系，野生动物保护工作取得了显著成效。

2021年2月，国家林业和草原局、农业农村部联合公布了新版《国家重点保护野生动物名录》，新名录涉及的物种更多、保护力度更大，也更科学和符合实际，充分体现了我国政府对野生动物保护的重视。2022年1月，我们组织梳理公布了《贵州分布的国家重点保护野生动物名录》，此后启动了《贵州省2021版国家重点保护野生动物手册》编研出版工作。该手册对贵州省内分布的国家一、二级保护野生动物的分类地位、识别特征、分布状况、生境及生态习性等方面进行了介绍，并配有标出主要识别特征的精美插画，更易于读者掌握识别要点。

“始知锁向金笼听，不及林间自在啼”，学会与野生动物和谐相处，让野生动物自由生活在良好生态环境中，是人与自然和谐共生的重要体现，也是我们林业人的职责所在。该手册是我省基层林业工作者的工具书，也可为省内外开展野生动物研究的科研人员提供参考，为全国广大动物学爱好者了解贵州野生动物提供帮助。其出版面世将为我省野生动物保护及生态文明建设提供有力支撑。

是为序。

胡洪成　贵州省林业局局长

2023年12月

前言

生物多样性是人类赖以生存和发展的基础，野生动植物是生物多样性的主要组成部分。我国是生物多样性最丰富的国家之一，拥有的高等植物种类居世界第三位，已记录陆生脊椎动物2900多种，占全球种类总数的10%以上，物种特有率居世界首位。然而近年来，受栖息地丧失、生境破碎化、资源过度利用、环境污染和气候变化等因素影响，生物多样性受胁和丧失已成为当前最突出的全球问题之一。

贵州省简称“黔”或“贵”，地处云贵高原，介于东经103°36′～109°35′、北纬24°37′～29°13′，东靠湖南，南邻广西，西毗云南，北连四川和重庆，全省土地面积17.62万平方千米，仅占全国总面积的1.84%，然而，由于贵州水热条件优良，生境类型多样，植被丰富，森林覆盖率高，野生动物多样性也极其丰富。根据统计显示，贵州现已查明野生动物11442种，其中，脊椎动物1085种，占全国总种数的17%左右，其多样性居于全国前列。同时，许多物种仅属于贵州特有或主要产于贵州，还有许多属于国际重要的迁徙物种以及具有重要生态、科学、社会价值的物种。这些珍贵的野生动物资源既是人类宝贵的自然财富，也是人类赖以生存的自然生态系统的重要组成部分。

1989年1月，由国家林业部和农业部发布了第一版《国家重点保护野生动物名录》。2022年2月，国家林业和草原局、农业农村部时隔30多年后，对名录进行了全面调整，新版《国家重点保护野生动物名录》正式公布。较之第一版，新名录共新增517种（类）野生动物，大斑灵猫等43种被列为国家一级保护野生动物，狼等474种（类）被列为国家二级保护野生动物，豺、长江江豚等65种由国家二级保护野生动物升为国家一级保护野生动物。经厘定，被列入2021版《国家重点保护野生动物名录》

贵州分布物种达196种（类），其中，兽类30种、鸟类111种、两爬类28种、鱼类21种和1类、昆虫5种。相较于1989版名录，贵州省分布的国家级重点保护野生动物物种增加了89种和1类，增幅达85%以上。其中，鸟类、两爬类及鱼类新增较多，集中体现了贵州在野生动物保护上的工作成绩，尤其是两栖类的新种研究成果。需要说明的是，根据国际上50年内没有在野外观测到任何的个体才标志一个物种野外灭绝的惯例，与全国其他地区一样，一些曾在贵州等地广泛分布的物种，尽管已多年未见踪迹，也同样被纳入了名录，如华南虎、金钱豹、云豹等大中型猫科动物；一些可能存在争议但因有史料记载或研究者明确表示发现过的物种也被采纳。

本书内容主要介绍了被列入2021年版《国家重点保护野生动物名录》中的贵州分布物种（一级35种、二级160种及1类）的种名信息、分类地位、受胁等级、识别要点、生境、习性、分布状况等内容。书中均为手绘物种图片，并标注了典型识别特征。本书的出版可为野生动物保护管理者、野生动物研究者以及广大的野生动物爱好者，提供一本兼具科学性和欣赏性的工具书。

感谢贵州师范大学周江教授提供金线鲃属部分物种照片参考和指导，感谢贵州省野生动植物保护协会及贵州大学生物多样性与自然保护研究中心的工作人员与师生的帮助，感谢在成书过程中所有提供照片参考的人们。受限于编写人员的水平和时间，书中难免有谬误或不足之处，望广大读者批评指正！

编者

2023年11月

编写说明

《贵州省2021版国家重点保护野生动物手册》中的物种选自2021年2月由国家林业和草原局、农业农村部联合发布的《国家重点保护野生动物名录》，主要记述了在贵州境类分布的或曾有分布记录的物种，共196种（类），其中，兽类30种、鸟类111种、两爬类28种、鱼类22种（类）、昆虫5种。本书分别从分类地位、识别要点、生境、习性、贵州分布等方面对每个物种进行较为详细的介绍，并配有相应的识别要点手绘图片，以便读者能够快速准确地识别。

本书编撰过程中主要参考了《贵州兽类志》（罗蓉等，1993）、《贵州鸟类志》（吴至康，1986）、《贵州爬行类志》（伍律等，985）、《贵州两栖类志》（伍律，1987）、《贵州鱼类志》（伍律，1989）、《贵州国家重点保护野生动物手册》（黎平，2017）等著作、编者的调查与研究成果，以及其他相关文献记录。

本书采用的其他物种濒危等级包括以下三类。

（1）《世界自然保护联盟（IUCN）濒危物种红色名录》（简称IUCN红色名录）的濒危等级划分，反映出某物种全球受胁情况：

灭绝（Extinct, EX）、野外灭绝（Extinct in the Wild, EW）、极危（Critically Endangered, CR）、濒危（Endangered, EN）、易危（Vulnerable, VU）、近危（Near Threatened, NT）、无危（Least Concern, LC）、数据缺乏（Data Deficient, DD）、未评估（Not Evaluated, NE）。

（2）《中国脊椎动物红色名录》（蒋志刚等，2016）的濒危等级划分，反映出某物种中国受胁情况：

灭绝（Extinct, EX）、野外灭绝（Extinct in the Wild, EW）、区域灭绝（Regionally Extinct, RE）、极危（Critically Endangered, CR）、濒危（Endangered, EN）、易危（Vulnerable, VU）、近危（Near Threatened, NT）、无危（Least Concern, LC）、数据缺乏（Data Deficient, DD）。

（3）《濒危野生动植物种国际贸易公约》（简称CITES）2023年版物种附录等级，反映某物种国际贸易的限制性管理程度：

CITES-附录Ⅰ、Ⅱ及Ⅲ。

全文物种分类地位及学名（拉丁名）均依照国家名录所列；部分物种未查询到英文名或中文属名的，或未列入相应濒危等级的，则未标注或标为未列入，无脊椎动物不再标注中国红色名录信息。

物种描述版式如下图：

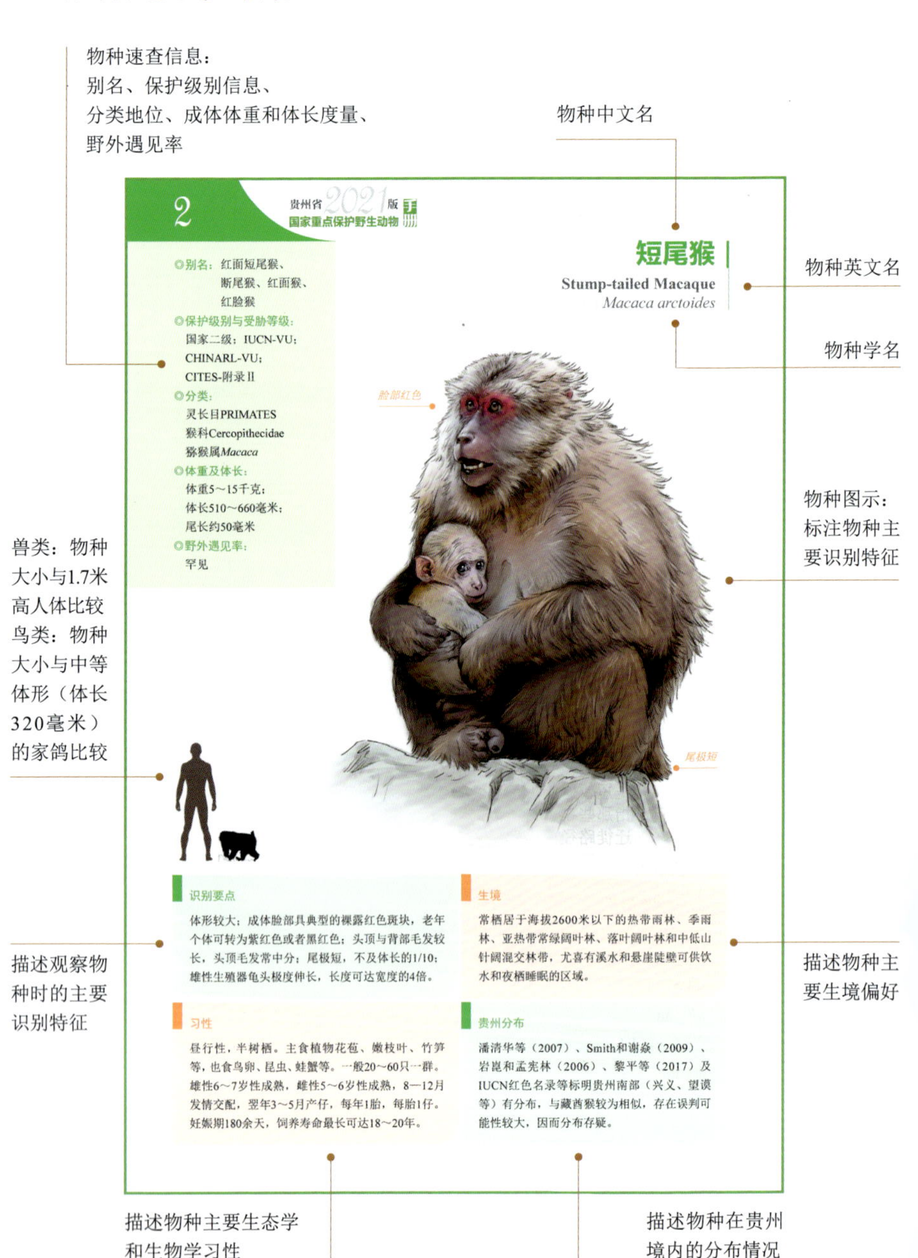
物种速查信息：
别名、保护级别信息、
分类地位、成体体重和体长度量、
野外遇见率
物种中文名
物种英文名
物种学名
物种图示：
标注物种主
要识别特征
兽类：物种
大小与1.7米
高人体比较
鸟类：物种
大小与中等
体形（体长
320毫米）
的家鸽比较
描述观察物
种时的主要
识别特征
描述物种主
要生境偏好
描述物种主要生态学
和生物学习性
描述物种在贵州
境内的分布情况
2
贵州省2021版
国家重点保护野生动物
短尾猴
Stump-tailed Macaque
Macaca arctoides
◎别名：红面短尾猴、
断尾猴、红面猴、
红脸猴
◎保护级别与受胁等级：
国家二级；IUCN-VU；
CHINARL-VU；
CITES-附录Ⅱ
◎分类：
灵长目PRIMATES
猴科Cercopithecidae
猕猴属Macaca
◎体重及体长：
体重5～15千克；
体长510～660毫米；
尾长约50毫米
◎野外遇见率：
罕见
脸部红色
尾极短
识别要点
体形较大；成体脸部具典型的裸露红色斑块，老年个体可转为紫红色或者黑红色；头顶与背部毛发较长，头顶毛发常中分；尾极短，不及体长的1/10；雄性生殖器龟头极度伸长，长度可达宽度的4倍。
生境
常栖居于海拔2600米以下的热带雨林、季雨林、亚热带常绿阔叶林、落叶阔叶林和中低山针阔混交林带，尤喜有溪水和悬崖陡壁可供饮水和夜栖睡眠的区域。
习性
昼行性，半树栖。主食植物花苞、嫩枝叶、竹笋等，也食鸟卵、昆虫、蛙蟹等。一般20～60只一群。雄性6～7岁性成熟，雌性5～6岁性成熟，8—12月发情交配，翌年3～5月产仔，每年1胎，每胎1仔。妊娠期180余天，饲养寿命最长可达18～20年。
贵州分布
潘清华等（2007）、Smith和谢焱（2009）、岩崑和孟宪林（2006）、黎平等（2017）及IUCN红色名录等标明贵州南部（兴义、望谟等）有分布，与藏酋猴较为相似，存在误判可能性较大，因而分布存疑。

物种描述字段与用词注释表

<table>
<tr><th>字段与用词</th><th colspan="3">示例及注释</th></tr>
<tr><td>中国特有种</td><td colspan="3">仅分布于中国境内的物种。</td></tr>
<tr><td>《国家重点保护野生动物名录》（2021版）</td><td colspan="3">国家一级：国家一级保护野生动物。
国家二级：国家二级保护野生动物。</td></tr>
<tr><td>《IUCN红色名录》等级</td><td colspan="3">示例：IUCN-VU
表示物种在世界范围内被IUCN红色名录划定为易危等级，具体等级划分见前述，重要物种的濒危等级保护管理主要反映在极危（CR）、濒危（EN）和易危（VU）三个等级上。</td></tr>
<tr><td>《中国脊椎动物红色名录》</td><td colspan="3">示例：CHINARL-VU
表示物种在中国范围内被《中国脊椎动物红色名录》划定为易危等级，具体等级划分见前述，重要物种的濒危等级保护管理主要反映在极危（CR）、濒危（EN）和易危（VU）三个等级上。</td></tr>
<tr><td>《濒危野生动植物种国际贸易公约》物种附录等级</td><td colspan="3">示例：CITES-附录II
表示物种被列入《濒危野生动植物种国际贸易公约》附录II中。</td></tr>
<tr><td>野外遇见率</td><td colspan="3">十分常见：表示物种种群数量较大，分布广泛，易于发现。
常　　见：表示物种具一定数量，分布较为广泛，发现记录较多。
偶　　见：表示物种种群具一定数量，但可能只在某一特定区域或特殊生境中有分布，发现记录较少。
罕　　见：表示物种种群数量少或分布极其狭窄，发现记录稀少。
十分罕见：表示物种种群数量极其稀少，10～15年以上未有准确的再发现记录。
野外绝迹：指区域内多年已无确凿的野外发现记录，可能已本地灭绝。</td></tr>
<tr><td>鸟类居留型</td><td colspan="3">留　鸟：终年栖息于同一地区，不进行远距离迁徙的鸟类物种。
夏候鸟：在某一地区，该鸟夏季来此繁殖，秋季离开，这种鸟称为这一地区的夏候鸟。
冬候鸟：冬天在这一地区越冬，而春天迁往繁殖地的鸟，在其越冬的地方称为该地区的冬候鸟。
旅　鸟：某种鸟在迁徙过程中经过一地区，不在此地繁殖，也不在此地越冬，而是短暂停留一段时间，这种鸟称为该地区的旅鸟。
迷　鸟：指那些在迁徙过程中由于狂风等某种特殊环境、气候因素而偏离正常的迁徙路径，而偶然到异地的鸟类个体。</td></tr>
<tr><td rowspan="15">物种
生僻字读音</td><td>䴙䴘 pì tī</td><td>鬣 liè</td><td>鹟 wēng</td></tr>
<tr><td>杓鹬 sháo yù</td><td>貉 hé</td><td>鹀 wú</td></tr>
<tr><td>鳽 yán</td><td>鹧鸪 zhè gū</td><td>颏 ké</td></tr>
<tr><td>鸢 yuān</td><td>鹳 guàn</td><td>睑 jiǎn</td></tr>
<tr><td>鹗 è</td><td>鹇 xián</td><td>鲵 ní</td></tr>
<tr><td>鹞 yào</td><td>凫 fú</td><td>疣螈 yóu yuán</td></tr>
<tr><td>鸺鹠 xiū liú</td><td>鵟 kuáng</td><td>瘰 luǒ</td></tr>
<tr><td>䴓 shī</td><td>鹮 huán</td><td>鲟 xún</td></tr>
<tr><td>髭 zī</td><td>篦 bì</td><td>鳗鲡 mán lí</td></tr>
<tr><td>鮈 jū</td><td>隼 sǔn</td><td>鯮 zōng</td></tr>
<tr><td>鳡 gǎn</td><td>鹫 jiù</td><td>鲃 bā</td></tr>
<tr><td>鳅 qiū</td><td>鸱 chī</td><td>鲇 nián</td></tr>
<tr><td>鳠 hù</td><td>鸮 xiāo</td><td>鞘 qiào</td></tr>
<tr><td>鱃 xiū</td><td>鸫 dōng</td><td></td></tr>
<tr><td>麝 shè</td><td>鹛 méi</td><td></td></tr>
</table>

贵　　州

四　川　省
云　南　省
广　西
自贡市
宜宾市
泸州市
（江阳区）
昭通市
（昭阳区）
毕节市
（七星关区）
六盘水市
（钟山区）
安顺市
（西秀区）
曲靖市
宣威市
兴义市
毕　节　市
六　盘　水　市
安　顺　市
黔　西　南　布　依　族　苗　族　自　治　州
金　沙　江
长　江
赤水市
习水
叙永
威信
金沙
大方
黔西市
赫章
威宁
纳雍
织金
水城区
普定
六枝
镇宁
关岭
紫云
平坝区
晴隆
普安
盘州市
兴仁市
贞丰
望谟
安龙
册亨
隆林
韭菜坪
胜境关
图　例
贵阳市　省级行政中心
安顺市　地级市行政中心
兴义市　自治州政府驻地
清镇市　县级行政中心
省级行政区界
地级行政区界
县级行政区界
贵安新区范围线
水系及附属
关隘、一般山峰
最高点、最低点
比例尺　1 : 2 100 000
审图号：黔S（2023）009号

地　　图

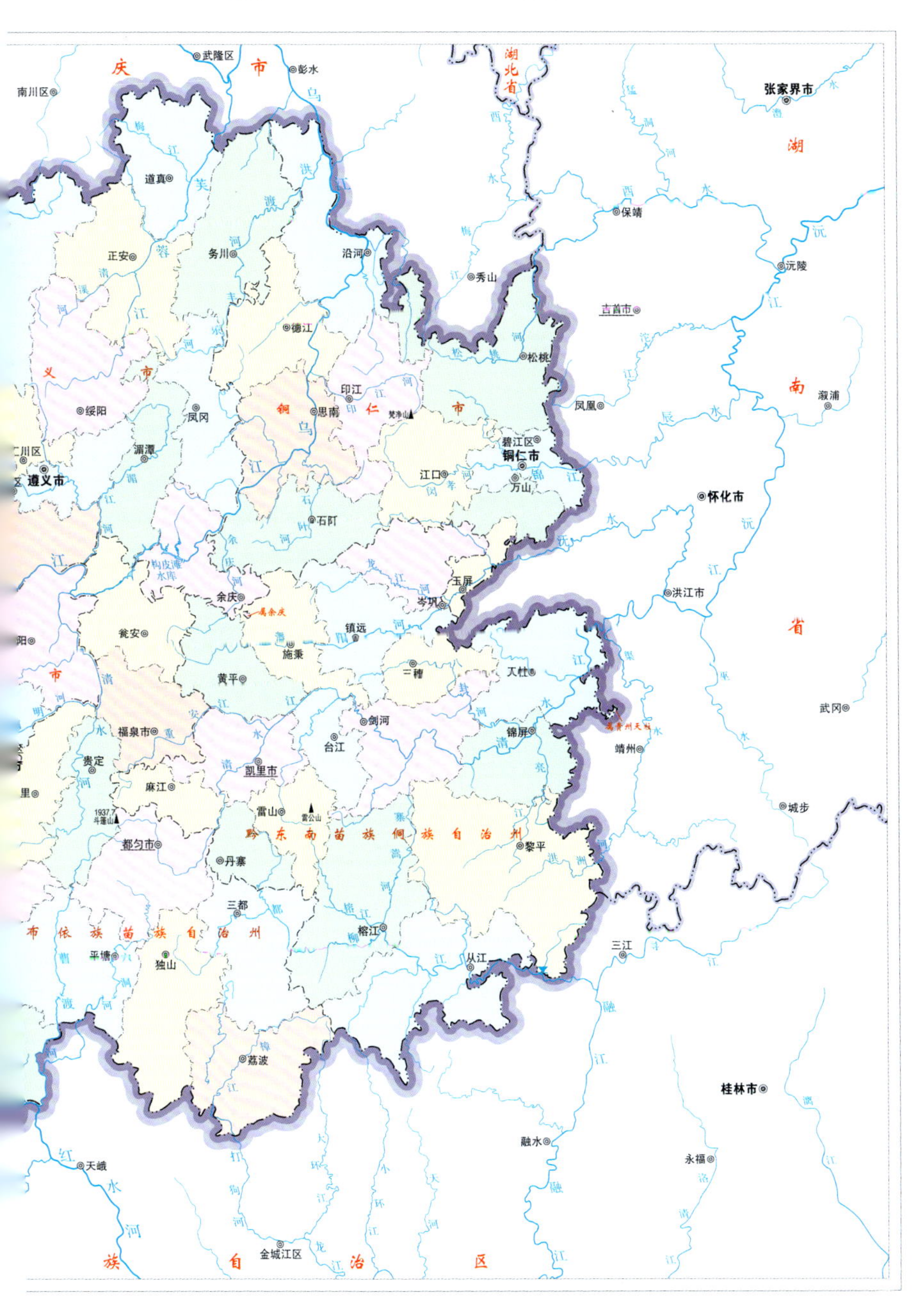

审图号：黔S（2023）009号。来源：贵州省自然资源厅官网。

目录

哺乳纲
MAMMALIA

鸟纲
AVES

爬行纲
REPTILIA

两栖纲
AMPHIBIAN

鱼纲
PISCES

昆虫纲
INSECTA

哺乳纲
MAMMALIA

短尾猴

Stump-tailed Macaque
Macaca arctoides

◎别名：红面短尾猴、断尾猴、红面猴、红脸猴

◎保护级别与受胁等级：
国家二级；IUCN-VU；
CHINARL-VU；
CITES-附录Ⅱ

◎分类：
灵长目PRIMATES
猴科Cercopithecidae
猕猴属*Macaca*

◎体重及体长：
体重5～15千克；
体长510～660毫米；
尾长约50毫米

◎野外遇见率：
罕见

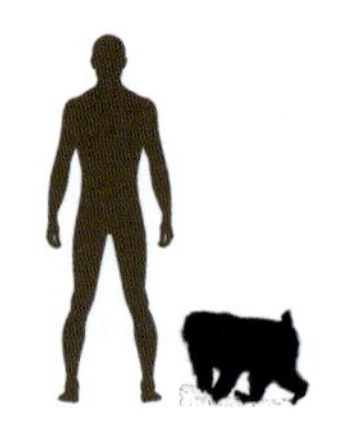

识别要点

体形较大；成体脸部具典型的裸露红色斑块，老年个体可转为紫红色或者黑红色；头顶与背部毛发较长，头顶毛发常中分；尾极短，不及体长的1/10；雄性生殖器龟头极度伸长，长度可达宽度的4倍。

生境

常栖居于海拔2600米以下的热带雨林、季雨林、亚热带常绿阔叶林、落叶阔叶林和中低山针阔混交林带，尤喜有溪水和悬崖陡壁可供饮水和夜栖睡眠的区域。

习性

昼行性，半树栖。主食植物花苞、嫩枝叶、竹笋等，也食鸟卵、昆虫、蛙蟹等。一般20～60只一群。雄性6～7岁性成熟，雌性5～6岁性成熟，8—12月发情交配，翌年3～5月产仔，每年1胎，每胎1仔。妊娠期180余天，饲养寿命最长可达18～20年。

贵州分布

潘清华等（2007）、Smith和谢焱（2009）、岩崑和孟宪林（2006）、黎平等（2017）及IUCN红色名录等标明贵州南部（兴义、望谟等）有分布，与藏酋猴较为相似，存在误判可能性较大，因而分布存疑。

熊猴

Assam Macaque
Macaca assamensis

◎别名：山地猕猴、阿萨姆猴、四川短尾猴、毛面猴、马猴

◎保护级别与受胁等级：
国家二级；IUCN-NT；
CHINARL-VU；
CITES-附录Ⅱ

◎分类：
灵长目PRIMATES
猴科Cercopithecidae
猕猴属*Macaca*

◎体重及体长：
体重6～19千克；
体长450～700毫米；
尾长125～380毫米

◎野外遇见率：
罕见

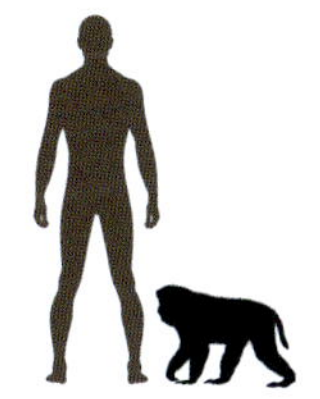

识别要点

与猕猴较为相似，但略显粗大强健；颜面部较长，吻鼻部较高而明显前突；双眉向前突；头顶毛向四周散射并生成毛漩；下巴向下长有一排紧密的胡须（猕猴无），形成倒三角形脸型。

习性

昼行性，喜树栖，20～30只1群，少见50只以上大群；喜食果实、嫩枝叶，也食鸟卵、蛙类、昆虫等；雌性性成熟约4.5岁，雄性约3岁，妊娠168天左右，3—7月分娩，每年1胎1仔，饲养寿命可达16～18年；夏冬季有在高低海拔山地间季节性迁徙习性。

生境

主要栖于常绿或落叶阔叶林、针阔混交林或高山暗针叶林带。生境与短尾猴较相似，但更耐寒，因而在海拔2000米以上山地森林有分布，喜在高大乔木上活动。

贵州分布

何晓瑞（1987）、Smith和解焱（2009）、岩崑和孟宪林（2006）及IUCN红色名录等标明贵州南部与广西交界区有分布，贵州动物志编委会（1980）及黄小龙等（2016）报道江口及月亮山有分布，因与猕猴较相似，存在误判可能，省内分布以南部区域（兴义、安龙、望谟等）为主。

猕猴

Rhesus Monkey
Macaca mulatta

◎别名：黄猴、恒河猴、广西猴、老猴

◎保护级别与受胁等级：
国家二级；IUCN-LC；
CHINARL-LC；
CITES-附录Ⅱ

◎分类：
灵长目PRIMATES
猴科Cercopithecidae
猕猴属*Macaca*

◎体重及体长：
体重约4千克；
头体长450～510毫米

◎野外遇见率：
十分常见

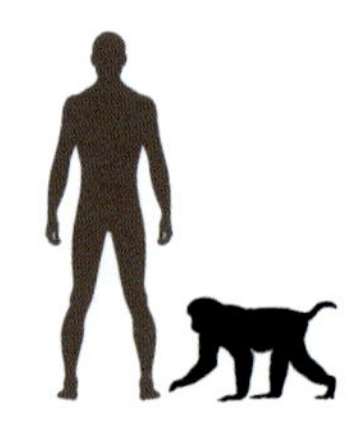

识别要点

中等体形，尾刷状且超过后足长，前肢比后肢稍短或等长。吻短，耳裸露，脸颊肉红色，头顶无漩毛。体毛多黄棕色，上背常灰色，腰臀部橙黄色或锈棕色，体背上下部常异色。有颊囊，臀胝发达。

习性

每群平均30～50只，昼行性。食性杂，采食嫩果枝叶、竹笋、鸟卵等，也常盗食农作物。雄性5～6岁性成熟，雌性4～5岁性成熟，10月至翌年2月交配，孕期150～170天，每年1胎1仔或偶2仔，哺乳期4～5个月，寿命可达20余年。

生境

分布广泛、适栖性强、生境要求低，在贵州主要生活于常绿阔叶林和常绿阔叶林破坏后的次生林中，或栖息于江河两岸悬崖峭壁的密林和岩山疏林地带。

贵州分布

除森林覆盖率较低、人为活动强烈、人为破坏严重的地区外，贵州绝大部分市（县）均有分布，种群近年在多地增长迅速。

藏酋猴

Milne-edwards' Macaque
Macaca thibetana

◎别名：青猴、马猴、毛面猴、断尾猴

◎保护级别与受胁等级：
国家二级；IUCN-NT；
CHINARL-VU；
CITES-附录II

◎分类：
灵长目PRIMATES
猴科Cercopithecidae
猕猴属*Macaca*

◎体重及体长：
体重约15千克；
头体长610～720毫米

◎野外遇见率：
偶见

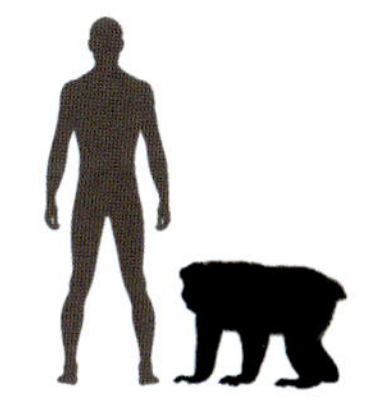

识别要点

体大而粗壮，尾短呈圆锥状，不及后足长1/3。头大且圆，吻部明显较猕猴突出，有颊囊。成年雌猴面部皮肤肉红色，成年雄猴两颊及下颏络腮胡样长毛，通体毛色较深，背毛棕褐色或暗棕褐色。

习性

每群10～30只，偶有大群，昼行性。食物以植物性食物为主，也吃虫、蛙及鸟蛋等，常地面活动，在崖壁缝隙或大树上过夜。雌雄4～5岁性成熟，全年可发情交配，孕期150～170天，3—5月产仔，每年1胎1仔或偶2仔，哺乳期4～5个月，寿命可达25岁。

生境

在贵州主要栖息在海拔1900米以下常绿阔叶林、常绿及落叶阔叶混交林、河谷两岸残存的森林灌木林中，夏冬季有在高低海拔山地间季节性迁徙的习性。

贵州分布

中国特有种，在贵州除黔西南及黔西北外，其他地区均有分布，尤以松桃、印江、江口、赤水、习水、雷山等地数量较多。

黑叶猴

Francois's Langur
Trachypithecus francoisi

◎别名：乌猿、乌叶猴、黑蛛猴

◎保护级别与受胁等级：
国家一级；IUCN-EN；
CHINARL-EN；
CITES-附录Ⅱ

◎分类：
灵长目PRIMATES
猴科Cercopithecidae
乌叶猴属*Trachypithecus*

◎体重及体长：
体重8～10千克；
头体长480～640毫米；
尾长800～900毫米

◎野外遇见率：
罕见

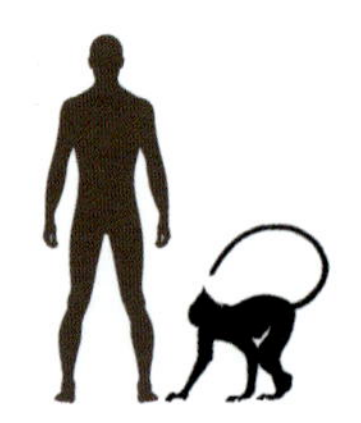

识别要点

体纤瘦，四肢细长，尾特别长；头顶有一撮直立黑色冠毛；面黑，由耳至口角左右各有一道白毛；成体周身黑色但初生幼猴金黄色，月余后逐渐转黑；雌性从会阴区至腹股沟内侧有一块三角形花白斑。

习性

每群5～20只，冬季成稍大群；树栖或栖于岩石峭壁，善攀登跳跃，行动敏捷，常有2个以上固定栖息点；以叶、花、果及树皮为食，偶盗食农作物，常至河边饮水；4～5岁性成熟，全年发情交配但夏秋为高峰，每年1胎1仔，孕期180天，哺乳期约6个月。

生境

典型喀斯特山地灵长类，在贵州主要分布于中亚热带常绿阔叶林为主的有较大岩缝和岩洞且深切割的河谷、溪流两岸的区域，在乔木和岩壁上活动。

贵州分布

在贵州主要集中分布于沿河和务川（麻阳河）、绥阳（宽阔水）、道真（大沙河）、六盘水（野钟）及桐梓（黄莲柏箐）等地。

黔金丝猴

Grey Snub-nosed Monkey
Rhinopithecus brelichi

◎别名：灰金丝猴、白肩仰鼻猴、牛尾猴

◎保护级别与受胁等级：
国家一级；IUCN-EN；
CHINARL-CR；
CITES-附录 I

◎分类：
灵长目PRIMATES
猴科Cercopithecidae
仰鼻猴属*Rhinopithecus*

◎体重及体长：
体重约15千克；
头体长630～690毫米；
尾长850～910毫米

◎野外遇见率：
罕见

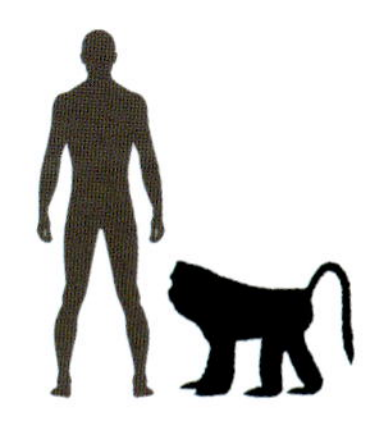

识别要点

体大，尾长，头圆，耳小，吻端肿胀突出，鼻部凹陷鼻孔上扬，脸部皮肤浅蓝，胸部乳头1对（雄性白色，雌性黑色）。较川金丝猴，其眼周、外鼻、上下唇无毛，吻鼻部膨大突出程度较小，两肩之间有一白或灰色块斑，肩毛可达160 毫米，体毛色远不如川金丝猴鲜亮且毛长较短，背毛不特别延长，但尾更长。

生境

黔金丝猴栖息于海拔1200～2100米的常绿阔叶林、常绿落叶阔叶混交林和落叶阔叶林中，常在高大乔木上活动。

习性

可由单位家庭群聚集成百只以上的大群，在乔木层活动，偶下地面，昼行性，有漫游行为，常呈单列或2～3列平行前进。主要以叶、花、果实、树皮、鳞茎为食，动物性食物较少。4～5岁性成熟，8—9月交配高峰，翌年4—5月产仔，每年1胎1仔。

贵州分布

贵州特有种，世界上最珍稀的猴类之一，仅分布在位于印江、松桃、江口交界处的梵净山国家级自然保护区内。

穿山甲

Chinese Pangolin
Manis pentadactyla

◎别名：鳞鲤、钱鳞甲

◎保护级别与受胁等级：
国家一级；IUCN-CR；
CHINARL-CR；
CITES-附录Ⅰ

◎分类：
鳞甲目PHLOLIDOTA
鲮鲤科Manidae
穿山甲属*Manis*

◎体重及体长：
体重1.5～7.8千克；
头体长330～590毫米；
尾长210～400毫米

◎野外遇见率：
十分罕见

识别要点

体狭长；头呈圆锥；吻尖，耳小，无鳞无毛，呈肉色，无齿，靠舌取食；除面部和腹面外，全身外侧均披覆瓦状黑褐色角质鳞，鳞片呈半圆形，片间有刚毛；四肢粗短；足具五爪；受惊常蜷成球状。

生境

栖于热带和亚热带人为干扰少、食物水源丰富、郁闭度适中、林下灌草茂密、海拔在1500米以下的向阳山地或丘陵地带，尤其是白蚁和蚂蚁较为丰富的区域。

习性

嗅觉灵敏但听觉、视觉较差，穴居，昼伏夜出，掘洞能力强，常分栖息洞穴和摄食洞穴，仅食白蚁和蚂蚁。独栖，仅发情交配期雌雄相随，全年发情但多冬季、春季产仔，1胎1仔，孕期2～3个月，母性较强，常将幼仔驮于背后外出觅食。

贵州分布

原贵州各县均有分布记载，但自21世纪以来几无明确发现记录，可能仍有分布，但已十分罕见。

狼

Grey Wolf
Canis lupus

◎别名：灰狼、豺狼

◎保护级别与受胁等级：
国家二级；IUCN-LC；
CHINARL-NT；
CITES-附录Ⅱ

◎分类：
食肉目CARNIVORA
犬科Canidae
犬属*Canis*

◎体重及体长：
体重25～40千克；
体长1000～1600毫米；
尾长350～500毫米

◎野外遇见率：
十分罕见

识别要点

形似大型家犬；吻端尖；两耳直立呈三角形；尾毛长且蓬松，尖端黑色显著；毛色因环境及季节变化而有差异；前肢5趾，第1趾小，趾垫不发达，其余4趾趾垫发达，呈卵圆形；后肢4趾；乳头5对。

习性

机警、多疑、善奔跑，常3～5只集群或成对晨昏活动，主要以偶蹄类、兔类等为食，也偷袭家畜。2～3岁性成熟，12月底至2月交配，孕期约2个月，3—4月产仔，每胎5～8仔。一年换毛2次，春季在3—5月、秋季在9—10月换毛。

生境

在贵州栖息于海拔2000米左右的稀疏草地和灌丛草地，或海拔1000米左右的针阔混交林或灌丛中。

贵州分布

20世纪中叶前，贵州曾广泛分布，威宁、赫章、清镇、松桃、江口等地有明确发现记载，现已多年无确凿发现记录。

豺

Dhole

Cuon alpinus

◎别名：豺狗、红豺狗、红狼

◎保护级别与受胁等级：

国家一级；IUCN-EN；

CHINARL-EN；

CITES-附录Ⅱ

◎分类：

食肉目CARNIVORA

犬科Canidae

豺属*Cuon*

◎体重及体长：

体重10～20千克；

体长约1000毫米；

尾长450～500毫米

◎野外遇见率：

十分罕见

识别要点

似普通家犬大小，吻尖而短，耳端圆钝，尾蓬松粗短约体长1/2，尖端黑色。体色随季节、地区而异，一般为红棕色或绣赤褐色，背中部毛尖呈黑褐色，喉苍白色，腹部灰白或棕黄色，四肢与背色相同但内侧稍淡。

生境

栖息于多种低山丘陵、稀疏灌丛、森林等多种生境，包括各类不同演替阶段的次生阔叶林、针阔混交林等。

习性

多于晨昏集群活动，性凶猛狡黠，一般3～5只一群，偶有10只以上成群猎食。常以围攻的方式，多捕食中小型有蹄类，有时捕杀大型鹿类及家畜，如羊、牛等。多在冬季繁殖，雌雄成对生活，妊娠期约2个月，每胎2～6仔。

贵州分布

20世纪80年代，贵阳、兴义、江口、沿河、绥阳等区（县）曾有明确记录，后数量骤减，多地难见踪迹，近年来国内种群数量略有回升，但贵州境内仍十分缺乏确凿的发现记录。

貉

Racoon Dog

Nyctereutes procyonoides

◎别名：短狗、狸、土狗、椿尾巴

◎保护级别与受胁等级：

国家二级；IUCN-LC；CHINARL-NT；CITES-未列入

◎分类：

食肉目CARNIVORA

犬科Canidae

貉属*Nyctereutes*

◎体重及体长：

体重4.0～6.0千克；

体长500～600毫米；

尾长160～250毫米

◎野外遇见率：

罕见

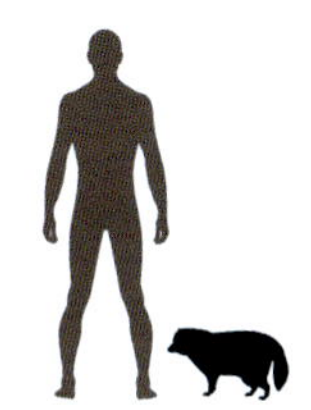

识别要点

似狐但体小而肥壮，四肢短，吻钝耳短，额部灰白，两颊同眼周生有黑色长毛而形成大斑纹。尾短而蓬松，尾尖黑色，周身具黄褐色和赭褐色长毛，毛尖多为黑色，四肢浅黑或咖啡色，尾腹面色稍淡。

习性

穴居，常居于其他动物弃洞或天然的石隙、树洞中，昼伏夜出。性温顺，食性杂，主要以小型啮齿动物、植物果实块根为食，也捕食蛙类、昆虫等。交配期3月，孕期2个月，5—6月产仔，每胎5～7仔。4月中下旬至5月上旬换毛。

生境

常栖息于农田周边及靠近溪流、河湖附近的森林或河谷中，少见于高山茂密森林，常利用獾类、狐等抛弃的洞穴。近年来也有已习惯并栖息于都市的种群。

贵州分布

20世纪曾在全省广泛分布，为重要的毛皮兽类，后种群锐降，现原生性野生个体极其罕见，但存在养殖个体进入野生种群情况。

赤狐

Red Fox

Vulpes vulpes

◎别名：狐狸、毛狗、草狐、红狐

◎保护级别与受胁等级：
国家二级；IUCN-LC；
CHINARL-NT；
CITES-未列入

◎分类：
食肉目CARNIVORA
犬科Canidae
狐属*Vulpes*

◎体重及体长：
体重3.6～7.0千克；
头体长500～800毫米；
尾长350～450毫米

◎野外遇见率：
十分罕见

识别要点

体中等偏小而细长，腿长而细，吻尖长，耳尖而大，耳背黑色，全身毛色通常红褐色，口唇及口角白色，喉、胸和腹部毛色浅淡，耳背面上部及四肢外面趋黑色，尾蓬松，尾长超过体长1/2，体背黄棕色或灰棕色。

习性

多晨昏活动，常利用其他动物弃洞或树洞栖居，常多只个体同居，有时与獾同栖一洞。主要捕食鼠类及鸟类，夏秋也捕捉蛙类、昆虫及采食浆果，甚至采食腐肉垃圾。单独活动而领地不重叠。每年1胎，12月至3月底交配，3—5月产仔，每胎一般3～6仔。

生境

行动敏捷、诡秘，适应性强，在森林边缘、农田附近的草坡、茶园旁灌丛均可栖息，甚至在片段化的农业区和城市区亦能生存，居住地有特殊狐臭。

贵州分布

罗蓉等（1993）、杨奇森和岩崑（2007）、岩崑等（2007）、Smith和解焱（2009）标明该物种20世纪在贵州各县均有分布，但近年来几无明确发现记录。照片或标本等缺乏。

小熊猫

Red Panda

Ailurus fulgens

◎别名：小猫熊、九节狼、金狗、红熊猫

◎保护级别与受胁等级：

国家二级；IUCN-EN；CHINARL-VU；CITES-附录Ⅰ

◎分类：

食肉目CARNIVORA

小熊猫科Ailuridae

小熊猫属*Ailurus*

◎体重及体长：

体重2.5～5.0千克；

头体长510～730毫米；

尾长370～480毫米

◎野外遇见率：

十分罕见

识别要点

头短而宽，吻部白色且较突出，耳大直立，耳郭尖，耳基部外侧生有长的簇毛，须白色，颊部、眉、耳边缘毛色为白色，眼圈黑褐色。体毛红褐色，绒毛丰厚。尾蓬松且长度超过体长的1/2，有12条红暗相间的环纹。

习性

高度特化的素食性食肉目动物，主食冷箭竹，偶食其他植物叶、果以及苔藓等。晨昏活动，除繁殖期形成母幼群外，多营独栖生活，不冬眠。以枯树洞或岩石洞为巢，巢域大小3～4平方千米。春季发情交配，孕期4个月，6—7月产仔，每胎2～3仔，寿命可达12年。

生境

喜温湿且耐寒的山地，栖息于1500～4000米中高山常绿阔叶林、常绿落叶阔叶混交林、针阔混交林带，尤喜有竹子的生境，其垂直分布随山地森林垂直带而变化。

贵州分布

小熊猫历史分布区可至黔北地区，但尚无确凿分布记录，曾有科考人员在习水国家级自然保护区偶然发现，但由于缺乏确凿历史记录及专项调查，省内分布存疑。

黑熊

Asiatic Black Bear
Ursus thibetanus

◎别名：亚洲黑熊、狗熊、黑瞎子、狗驼子
◎保护级别与受胁等级：
国家二级；IUCN-VU；
CHINARL-VU；
CITES-附录Ⅰ
◎分类：
食肉目CARNIVORA
熊科Ursidae
熊属*Ursus*
◎体重及体长：
体重54.0～240.0千克；
头体长1160～1750毫米；
尾长50～160毫米
◎野外遇见率：
偶见

识别要点

头宽耳圆；听觉和嗅觉灵敏，但视觉差；全身毛被漆黑色，富有光泽，鼻吻部和耳较淡；胸部有显著“V”字形白色或黄白色斑纹；前足腕垫发达，与掌垫相连；前后足皆5趾；爪强而弯曲，不能伸缩。

生境

典型林栖动物，栖息于常绿阔叶林、常绿落叶阔叶混交林、针阔叶林中，落叶阔叶林中也有活动，喜在有蜂巢分布的地方活动。

习性

杂食，主食植物叶、芽、果，也捕食中小型兽类、鸟类及鱼虾等，喜食蜂蜜。独栖，无固定巢穴，常折断树枝或箭竹垫于地面卧息形成“熊巢”，本省基本不冬眠。3～5岁性成熟，6—8月发情交配，孕期6～7个月，12月至2月产仔，每胎2仔，哺乳期6个月。

贵州分布

除毕节外，曾在贵州多地均有分布，但近年主要分布于习水、赤水、雷山、台江、剑河、江口、印江等地的自然保护区，盘州也有发现，种群有增长趋势。

黄喉貂

Yellow-throated Marten
Martes flavigula

◎别名：青鼬、蜜狗、黄腰狸、黄猺

◎保护级别与受胁等级：
国家二级；IUCN-LC；
CHINARL-VU；
CITES-附录III

◎分类：
食肉目CARNIVORA
鼬科Mustelidae
貂属*Martes*

◎体重及体长：
体重2.0～3.0千克；
体长450～650毫米；
尾长360～420毫米

◎野外遇见率：
偶见

识别要点

躯干细长，四肢短小，吻尖耳圆，尾长超过体长1/2，吻至颈背部黑褐色，下颏至耳下白色，喉胸部为显著的亮黄色。体背部至臀部逐渐由橙黄色或黄褐色过渡为黑褐色，腹部黄白色，尾及四肢均为黑褐色。

习性

行动敏捷隐蔽，性凶猛，常静伏树上观察捕食对象和逃避敌害。晨昏性，以小型鸟兽、鱼类昆虫为食，可集体捕食比其体形大数倍的有蹄类，喜食蜂蜜，也称“蜜狗”。春夏繁殖，孕期5～6个月，每胎2～4仔。

生境

典型林栖动物，栖息于海拔4000米以下的各类森林和高灌，筑巢于树洞或者岩缝中。

贵州分布

曾广泛分布于贵州各地，近年在石阡、正安、绥阳、雷山、剑河、江口、都匀等地的自然保护区内均有拍摄记录。

小爪水獭

Asian Small-clawed Otter

Aonyx cinerea

◎别名：油獭、山獭、东方小爪水獭、亚洲小爪水獭

◎保护级别与受胁等级：
国家二级；IUCN-VU；
CHINARL-CR；
CITES-附录Ⅰ

◎分类：
食肉目CARNIVORA
鼬科Mustelidae
小爪水獭属*Aonyx*

◎体重及体长：
体重2.0～4.0千克；
头体长400～610毫米；
尾长290～350毫米

◎野外遇见率：
十分罕见

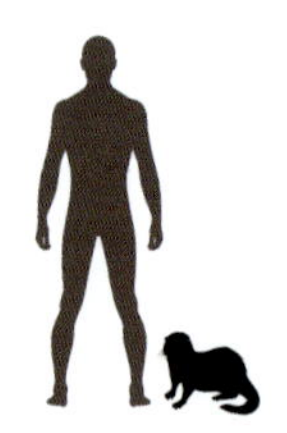

识别要点

体形最小的水獭，外形宽圆，吻短，眶间较宽，脸部触须长而密，鼻镜上缘有2处凹陷，上肢退化的爪部分具蹼，趾爪特别细小。体褐色，喉部和腹部色淡，体毛较短，富光泽，颊、颏和喉部毛尖白色。

习性

无占区行为，与普通水獭分布区重叠，不固定栖居，而随着鱼群洄游而不断移居。群居，家庭群活动，晨昏性，擅潜水、游泳，喜食鱼类、水生甲壳类及软体动物。2—3月交配，4—5月产仔，每胎2～7仔，双亲共同抚育后代，寿命可达11年。

生境

半水栖生活，多栖于海拔较高、水质好的河流中，尤其是两岸林木茂密的溪河地带，巢穴筑在靠近水边的树根、苇草和灌木丛下，有固定活动路线。

贵州分布

曾主要分布于贵州安龙、望谟、罗甸、独山等南部县域，因水利建设及河道生态环境改变，近年已难见踪迹。

水獭

Eurasian Otter

Lutra lutra

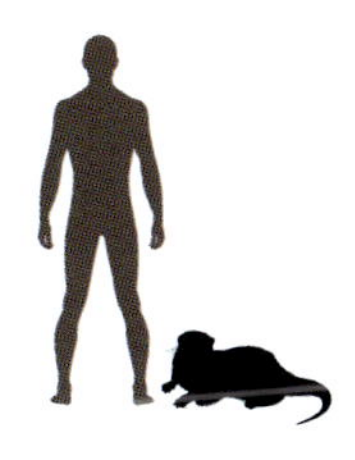

◎别名：欧亚水獭、獭、獭猫、水猫子

◎保护级别与受胁等级：

国家二级；IUCN-NT；

CHINARL-EN；

CITES-附录Ⅱ

◎分类：

食肉目CARNIVORA

鼬科Mustelidae

水獭属*Lutra*

◎体重及体长：

体重3.0～9.0千克；

头体长490～840毫米；

尾长240～440毫米

◎野外遇见率：

十分罕见

识别要点

头宽扁，口鼻宽，眼耳较小；嘴角具长而粗硬的触须，鼻孔和耳内有瓣膜，潜水时关闭；尾较长，基部粗、尖端细；四肢短，趾间有蹼，爪较发达。体毛短而致密，除喉部灰白色，全身多呈咖啡褐色，油亮光泽。

习性

居于天然或自掘洞穴中，出入口隐蔽水下，除繁殖期外无固定巢穴。白天隐匿，夜间或晨昏活动，除繁殖期外，常单独活动，但在大水体中常集群。捕食鱼类为主，也食鼠类、蛙类、蟹类等。全年可繁殖，春夏高峰，每胎1～4仔，1.5～2岁性成熟，寿命可达17岁。

生境

半水生，栖居于溪河、湖泊地带。喜生活在水流急、有旋涡的浅滩，水清透明、水生植物少的河流中。在大面积的沼泽地、低洼地以及鱼塘较多的山区也常有水獭活动。

贵州分布

曾广泛分布贵州各县，近年来仅独山、江口、印江等地偶有记录。因人为猎捕、水利建设导致鱼类资源变化等因素，现大多数原有分布区已绝迹。

大灵猫

Large Indian Civet
Viverra zibetha

◎别名：麝香猫、九江狸、九节狸、灵狸

◎保护级别与受胁等级：
国家一级；IUCN-LC；
CHINARL-CR；
CITES-附录Ⅱ

◎分类：
食肉目CARNIVORA
灵猫科Viverridae
大灵猫属*Viverra*

◎体重及体长：
体重3.0～9.0千克；
头体长500～950毫米；
尾长380～590毫米

◎野外遇见率：
罕见

识别要点

体长肢短，耳小吻尖；背中线具黑色鬣毛组成的脊纹，体侧斑纹略呈波状；颈及颈侧有黑白二色相间的非常显著的大块斑纹；尾长超过头体长的1/2，尾部有5～6个黑白相间色环，末端黑色；会阴部具香囊。

生境

多栖于海拔2000米以下的亚热带常绿阔叶林、常绿落叶混交林及灌木林中，常在林缘活动，以灌草丛、土穴、岩洞、树洞等作为隐蔽处和养育幼仔的窝穴。

习性

夜行性，性孤僻，单独活动，听觉灵敏。杂食性，主食啮齿动物、蛙类、昆虫等动物和青草、野果。固定地点排便，第一节粪便常含大量草茎、草根，故一些地方称“堵屎雷”。1～2岁性成熟，1—3月交配，4—6月产仔，每胎3～4仔，寿命15～20年。

贵州分布

贵州曾多数县域有分布，黔西南（兴义、安龙）为印度支那亚种（*V. z. surdaster*），其他区域为华东亚种（*V. z. ashtoni*），现均已十分罕见，近年来只在印江、江口（梵净山）、道真（大沙河）、习水等县域的自然保护区内偶有记录。

小灵猫

Small Indian Civet

Viverricula indica

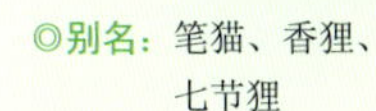

◎别名：笔猫、香狸、七节狸

◎保护级别与受胁等级：

国家一级；IUCN-LC；

CHINARL-NT；

CITES-附录III

◎分类：

食肉目CARNIVORA

灵猫科Viverridae

小灵猫属*Viverricula*

◎体重及体长：

体重2.0～4.0千克；

头体长500～610毫米；

尾长 280～390毫米

◎野外遇见率：

偶见

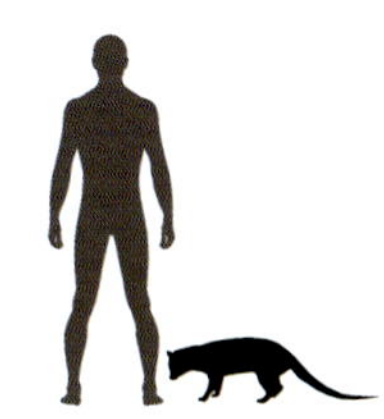

识别要点

家猫大小，体形瘦长，头小面窄，吻尖突，耳小且短圆，两耳前缘内侧基部靠近。背部无鬣毛，尾细长，超过头体长的1/2，身体前端灰黄或浅棕色，背后端3～5条黑褐色条纹与尾环纹呈垂直样，尾有7～9个黑褐色环纹。

习性

夜行性，昼伏夜出，多独栖，善爬树。会阴部有香囊，但不如大灵猫发达。杂食性，主要捕食小型哺乳动物（啮齿类）和果实、树根，也食昆虫、蛙类、鸟类等。1.5～2岁性成熟，多春季发情，妊娠期约3个月，5—6月产仔，每胎2～4仔。

生境

主要栖居于亚热带山区有稀树和灌丛分布的草坡山地，适应性较强，常在山溪、草坡、农田及村寨附近活动。宽阔水自然保护区等地近年发现其在草丛中产仔。

贵州分布

贵州大部分县域有分布，近年种群呈增长趋势，在赤水、习水、绥阳、道真、沿河、务川、江口、印江、松桃等贵州北部、东北部地区，以及雷山、荔波和兴义等贵州东南部、南部、西南部地区均有发现记录。

斑林狸

Spotted Linsang
Prionodon pardicolor

◎别名：彪猫、斑灵狸、刁猫、林狸、野猫

◎保护级别与受胁等级：
国家二级；IUCN-LC；
CHINARL-VU；
CITES-附录Ⅰ

◎分类：
食肉目CARNIVORA
林狸科Prionodontidae
灵狸属*Prionodon*

◎体重及体长：
体重约1.0千克；
头体长350～400毫米；
尾长300～380毫米

◎野外遇见率：
偶见

识别要点

体小而瘦长，四肢短小，颈长，面狭，吻尖，耳薄且短圆，吻端裸露肉色。尾长约等于体长，通体浅黄，遍布黑色斑点，腹面浅黄色或灰黄色。尾具9～11个黑色环，与浅棕黄色环纹相间排列；尾尖浅棕黄色。无香腺。

生境

多栖居于海拔2000米以下的常绿阔叶林、林缘灌丛以及稀树灌丛有高草的山地。

习性

夜行性，用树枝筑巢或穴居，可在地面快速行走，也可攀缘树木，行动敏捷，单独活动。肉食性为主，捕食小型啮齿类动物、蜥蜴、蛙类、鸟类和昆虫等。春末产仔，每胎约2仔。

贵州分布

省内黔东、黔东南、黔南的石阡、从江、榕江、三都、独山、平塘、惠水、册亨、望谟等县曾有分布记录。近年在江口、印江、松桃交界处（梵净山）、道真（大沙河）、兴义（坡岗）、雷山（雷公山）和荔波（茂兰）等自然保护区监测中有发现，但数量不多。

丛林猫

Jungle Cat
Felis chaus

◎别名：野狸子、麻狸、草猫

◎保护级别与受胁等级：
国家一级；IUCN-LC；
CHINARL-CR；
CITES-附录Ⅱ

◎分类：
食肉目CARNIVORA
猫科Felidae
猫属*Felis*

◎体重及体长：
体重5.0～9.0千克；
体长600～750毫米；
尾长250～350毫米

◎野外遇见率：
十分罕见

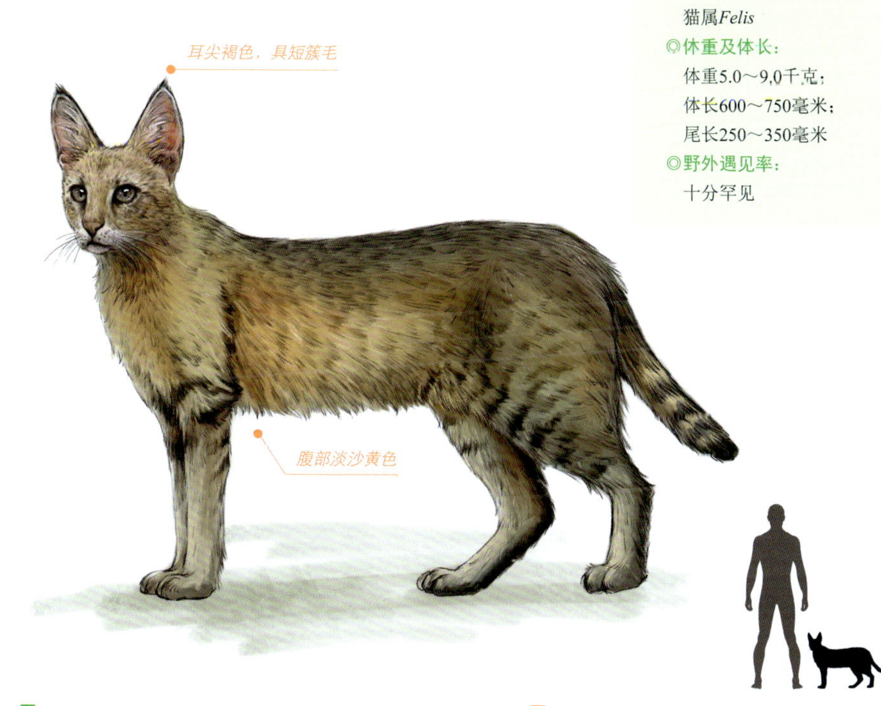

识别要点

形似家猫但体稍大，尾短肢长。全身毛色大体一致，眼周有黄白色纹，耳壳背面粉红棕色，耳尖褐色，着生稀少短簇毛，身体背部棕灰色或沙黄色，背中线处深棕色。尾近末梢有3～4个不明显的黑色半环，尖黑色。

习性

昼夜活动，性隐秘，主要捕食以鼠类为主的小型脊椎动物，偶尔捕食有蹄类幼崽，也盗食家禽等，善游泳和捕鱼，也食腐肉和果实。独栖，家域为5～6平方千米。1～1.5岁性成熟，全年繁殖，1—2月高峰，妊娠期60～70天，每年1胎，每胎2～3仔。

生境

多栖于溪河两岸和湖库边的灌木林中，也在低山地区的常绿阔叶林或针阔混交林、田野及村庄附近等区域活动。

贵州分布

贵州范围内仅20世纪80年代记录于兴义，是否仍有分布存疑。

金猫

Asiatic Golden Cat

Pardofelis temminckii

◎别名：亚洲金猫、红椿豹、芝麻豹、狸豹、乌云豹

◎保护级别与受胁等级：

国家一级；IUCN-NT；

CHINARL-EN；

CITES-附录Ⅰ

◎分类：

食肉目CARNIVORA

猫科Felidae

金猫属*Pardofelis*

◎体重及体长：

体重9.0～16.0千克；

头体长710～110毫米；

尾长340～560毫米

◎野外遇见率：

十分罕见

识别要点

形似小豹，尾略短，两眼内角各有一条宽白纹，其后连接棕色纹直至后头部，颈背处呈红棕色泽，耳背皆为黑色，耳基周围灰黑色混杂。尾二色，上似体色，下浅白色。依毛色常分为红金猫、灰金猫和花金猫三个色型。

生境

林栖，多栖于热带和亚热带多岩山地的密林中或林缘地带，也在高草灌丛区域活动。

习性

独栖，夜间活动，性凶猛，善爬树，以体形中等的脊椎动物为食，也食小型哺乳动物、鸟类和蜥蜴，也盗捕家畜幼犊。1.5～2年性成熟，全年可繁殖，妊娠期85～95天，每胎1～2仔，在树洞中或地洞中繁育后代，雄性也参与抚育。

贵州分布

十分罕见的猫科动物之一，在贵州曾在20世纪80年代见于兴义、安龙、册亨等县，之后再无明确发现记录。

豹猫

Leopard Cat
Prionailurus bengalensis

◎别名：狸猫、钱猫、石虎、麻狸、山狸
◎保护级别与受胁等级：
国家二级；IUCN-LC；
CHINARL-VU；
CITES-附录Ⅱ
◎分类：
食肉目CARNIVORA
猫科Felidae
豹猫属*Prionailurus*
◎体重及体长：
体重2.5～5.0千克；
头体长360～700毫米；
尾长200～370毫米
◎野外遇见率：
常见

识别要点

背部黄褐色至棕灰色，全身布满棕褐色至淡褐色斑点，色斑似豹。从头部至肩部有4条黑褐色条纹（或为点斑），两眼内侧向上至额后各有一条白纹。耳大而尖，耳后黑色，常有一块明显的白斑。

习性

晨昏或夜间活动，地栖生活，但攀爬能力强，常上树活动。多单独活动，善游泳，喜在近水之处活动。捕食小型啮齿动物为主，也食蛙、蜥蜴、鸟类等，偶盗食家禽。1.5～2岁性成熟，妊娠期2月左右，春季产仔，每胎2～3仔，寿命可达18年。

生境

适应性强，可栖于海拔3000米以下的山地林区、郊野灌丛和林缘村寨附近。栖息地类型多样，具有一定隐蔽性的生境均可存在，其巢穴多在树洞、土洞、石洞及灌丛中。

贵州分布

豹猫是世界上分布最广泛的猫科动物之一，贵州各地均有记录，黔西北（威宁、赫章、毕节、大方、六枝、盘州）等地为指名亚种（*F. b. bengalensis*），其他区域多为华南亚种（*F. b. chinensis*），近年各地种群呈上升趋势。

云豹

Clouded Leopard
Neofelis nebulosa

◎别名：乌云豹、龟纹豹、荷叶豹、艾叶豹、樟豹

◎保护级别与受胁等级：
国家一级；IUCN-VU；
CHINARL-CR；
CITES-附录 I

◎分类：
食肉目CARNIVORA
猫科Felidae
云豹属*Neofelis*

◎体重及体长：
体重16.0～35.0千克；
头体长700～1100毫米；
尾长550～920毫米

◎野外遇见率：
十分罕见

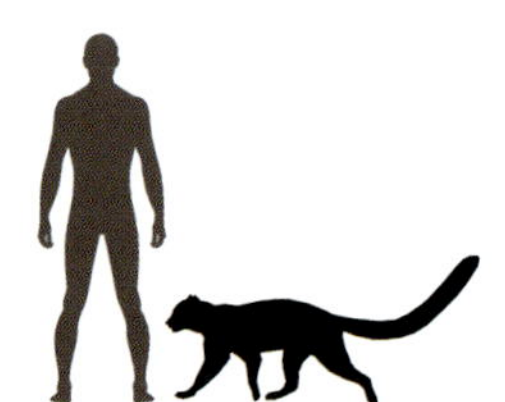

识别要点

体较豹小，全身毛色灰黄或淡黄，肩部及体侧布深色大型云纹状斑块，头圆，耳短小，四肢短健，眼周有黑色环，颈背部有4条黑纵纹，耳背中央有一浅灰斑，尾部有黑色斑纹，尾长超头体长的1/2。

习性

夜行性，多树栖，独栖，性凶猛，属大型肉食动物，善捕食有蹄类、灵长类、兔类等哺乳类动物，也捕食鸟类和盗食家畜、家禽。2岁性成熟，冬春发情，春夏产仔，每年1胎，妊娠期约3个月，每胎2～4仔，多2仔，哺乳期5个月，寿命可达17岁。

生境

典型林栖动物，在贵州栖息于海拔2500米以下的亚热带山地常绿及落叶阔叶林与灌木林中，多在树上隐蔽休息和捕食。

贵州分布

云豹曾广泛分布于东南亚和我国南方各地，但目前已成为最濒危的猫科动物之一。罗蓉等（1993）曾记录该物种在贵州省分布于沿河、德江、江口、印江、绥阳、修文、织金等地，但自20世纪70年代以来，一直缺乏确凿发现记录，可能本地灭绝。

豹

Leopard
Panthera pardus

◎别名：花豹、金钱豹、豹子

◎保护级别与受胁等级：
国家一级；IUCN-VU；
CHINARL-EN；
CITES-附录Ⅰ

◎分类：
食肉目CARNIVORA
猫科Felidae
豹属*Panthera*

◎体重及体长：
体重35.0～90.0千克；
头体长1000～1900毫米；
尾长750～1000毫米

◎野外遇见率：
十分罕见

识别要点

体毛棕黄色；鼻部浅黄色，无斑点；上、下唇缘黑色；头、颈部均布以圆形或椭圆形的黑色斑点；身体背部及两侧满布似古代铜钱状黑色环斑；头、四肢和尾有黑色花瓣状点斑，但头、腿和腹面点斑呈单个分布。

习性

夜行性，独栖，领域性强，常通过在树干根部留下自己尿液进行领地标识。主要捕食有蹄类（野猪、鹿类等）及肉食类的貉，也捕食其他小型动物和鸟类等，偶盗食家畜。2～3岁性成熟，一般春季发情交配，4—5月产仔，每年1胎，每胎2～4仔，哺乳期约3个月，寿命约20年。

生境

典型林栖，在贵州主要栖息于多岩洞的中低山地森林与灌木丛中，包括常绿阔叶林、落叶林等多种生境，适应力强，巢穴较固定，多筑于浓密树丛、灌丛或岩洞。

贵州分布

豹广泛分布于东非和亚洲大部分地区，贵州为华南亚种（*P. p. fusca*），曾在贵州多地分布，但自20世纪以来，已多年无确凿发现记录，可能本地灭绝。

虎

Tiger

Panthera tigris

◎别名：老虎、白额虎、扁担花、大虫

◎保护级别与受胁等级：

国家一级；IUCN-EN；CHINARL-CR；CITES-附录Ⅰ

◎分类：

食肉目CARNIVORA

猫科Felidae

豹属*Panthera*

◎体重及体长：

体重90.0～300.0千克；

体长1400～2800毫米；

尾长910～1100毫米

◎野外遇见率：

野外绝迹

识别要点

头圆颈粗，眼上方有一白斑并掺杂2条黑纹，前额有3～4条黑横纹，周身布黑色横条纹，后肢黑横纹较前肢多，四肢强健，脚掌宽阔，趾端有能伸缩的硬爪。尾长约为体长的1/2，具10个左右黑环纹，尾尖黑色。

习性

独栖，夜行性，嗅及听觉敏锐，活动范围广，善游泳，不会爬树，无固定巢穴，善隐蔽突袭猎物，咬断其脖，主要捕食野猪、鹿类等有蹄类动物，偶盗食家畜。春秋两季发情，孕期3个月左右，约2～3年1胎，每产1～3仔，通常2仔，母虎和幼仔一起生活2～3年，在此期间雌虎不发情交配，2～3年后幼虎营独立生活，3～5年性成熟。

生境

主要分布在亚洲热带地区的森林中，是典型的山地林栖动物，栖息环境包括热带雨林、常绿阔叶林，以及落叶阔叶林和针阔混交林，也见于山地、丘陵的灌丛林。

贵州分布

贵州为华南亚种（*P. t. amoyensis*），华南虎曾广泛分布于华南、西南，罗蓉等（1993）描述在20世纪80—90年代在贵州仍可能发现踪迹的区域包括沿河、江口、正安、绥阳、桐梓、三都等地。目前，在中国已有几十年未有确凿证据表明其踪迹。

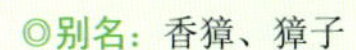

林麝

Forest Musk Deer

Moschus berezovskii

◎别名：香獐、獐子

◎保护级别与受胁等级：

国家一级；IUCN-EN；

CHINARL-CR；

CITES-附录Ⅱ

◎分类：

偶蹄目ARTIODACTYLA

麝科Moschidae

麝属*Moschus*

◎体重及体长：

体重5.0～9.0千克；

头体长640～800毫米；

尾长30～40毫米

◎野外遇见率：

罕见

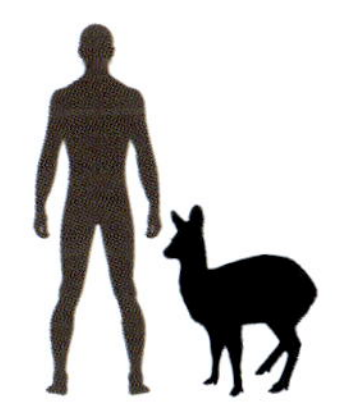

识别要点

小型麝类，四肢较短，耳长、直立，全身毛色深橄榄色，臀部最暗。雌雄均不长角，雄麝上犬齿发达，露出口外呈獠牙状。站立时后部明显比前部高，尾短；喉胸部有一棕褐色长斑，周围为淡黄白色所包围。雄麝下腹部具囊状麝腺，开口于尿道口前4～5厘米处，分泌麝香。

习性

晨昏活动，性孤僻，视觉和听觉灵敏，身体轻快敏捷、善于跳跃，喜在崎岖山上和悬崖陡壁上活动。性胆怯，遇到惊吓即迅速逃离或隐藏于岩石中。主食嫩叶芽、松萝杂草、苔藓地衣。2岁左右性成熟，10—12月发情，5—6月产仔，每胎多1仔，寿命可长达20年。

生境

常在常绿阔叶林和针阔混交林中活动。在贵州主要栖息于多岩石的山地森林与灌木林中，喜在山顶或腰的岩洞和较密的草丛中隐蔽休息。

贵州分布

曾在贵州各县均有记录，以绥阳、道真、正安、长顺、惠水、贵定和织金等地数量较多，后数量骤降。近年来，种群略有恢复，在习水、道真、江口、贵阳等地均有发现记录。

水鹿

Sambar

Cervus equinus

◎别名：黑鹿、山牛、山马、春鹿、水牛鹿、

◎保护级别与受胁等级：

国家二级；IUCN-VU；

CHINARL-NT；

CITES-未列入

◎分类：

偶蹄目ARTIODACTYLA

麝科Moschidae

水鹿属*Cervus*

◎体重及体长：

体重185.0～260.0千克；

头体长1800～2000毫米；

尾长250～280毫米

◎野外遇见率：

罕见

识别要点

体形粗壮；耳大而宽；眶下腺显著；四肢通常毛色较浅，细长，主蹄大，侧蹄较小。身体栗棕色，臀周围呈锈棕色，腋下、鼠蹊部与尾基部下面均呈灰白色；尾粗短，密生蓬松棕黑色毛。雌鹿无角，雄鹿角通常分三叉。

生境

适应性强，栖息于阔叶林、混交林、山地草坡、稀树草原等环境中，常在有水源的山地森林灌丛地段生活，向上分布可达海拔3500米。

习性

独栖或小群生活，无固定居所，夜行性。性极机警，偏好取食青草、植物的嫩叶芽、花果等，喜舔盐和硝水。喜水，夏天常到山溪中沐浴。秋季交配，妊娠期约250天，夏初产仔，每胎1～2仔，野外寿命可达12年。

贵州分布

广泛分布于华南山地，但贵州志书等资料上鲜有记载，近年修文、晴隆等县有个体记录，但尚未证实是否为野生个体，该种在贵州仍十分缺乏野外发现记录。

毛冠鹿

Tufted Deer

Elaphodus cephalophus

◎别名：黑鹿、乌鹿、青鹿

◎保护级别与受胁等级：

国家二级；IUCN-NT；

CHINARL-NT；

CITES-未列入

◎分类：

偶蹄目ARTIODACTYLA

麝科Moschidae

毛冠鹿属*Elaphodus*

◎体重及体长：

体重15.0～28.0千克；

头体长850～1700毫米；

尾长70～130毫米

◎野外遇见率：

常见

识别要点

小型鹿类；额顶部有一簇马蹄形的黑褐色长毛毛冠；眶下腺显著；雄性具短小而不分叉的角，隐于额部长毛中；两耳宽而圆，内侧及耳尖白色。体毛黑褐色，尾短，尾背面黑褐色到黑色，腹部及尾下白色。

生境

毛冠鹿在贵州主要生活在中低山地森林地带，多栖息于常绿阔叶林、针阔混交林及河谷灌丛等生境，也在耕作区附近活动。

习性

性怯懦而隐秘，夜行性，独栖，偶可见到成对活动，主要采食树木嫩枝叶和野草，喜食蔷薇、鸢尾、紫云英和杜鹃花科植物嫩枝叶，偶盗食玉米苗、薯类等农作物。9—12月发情，怀孕期约6个月，4—7月产仔，每胎1～2仔。

贵州分布

广泛分布于中国南部，中国有3个亚种，在贵州，威宁、赫章、毕节一带的为川西亚种（*E. c. cephalophus*），个体较大；其余地区为华中亚种（*E. c. ichangensis*）。在赤水、石阡、正安、绥阳、江口、荔波、长顺、剑河等地较为常见，种群呈增长趋势。

中华斑羚

Chinese Goral

Naemorhedus griseus

◎别名：青羊、灰包羊、大山羊、野山羊、川西斑羚

◎保护级别与受胁等级：
国家二级；IUCN-EN；
CHINARL-VU；
CITES-附录I

◎分类：
偶蹄目ARTIODACTYLA
牛科Bovidae
斑羚属*Naemorhedus*

◎体重及体长：
体重22.0～32.0千克；
头体长880～1180毫米；
尾长115～200毫米

◎野外遇见率：
罕见

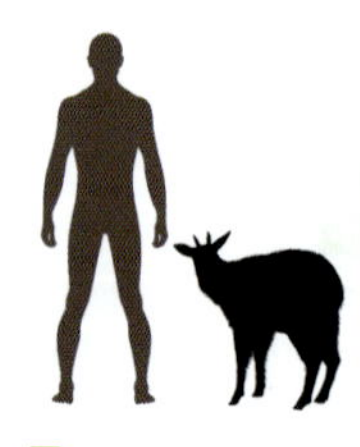

识别要点

体形中等，形似山羊但颏下无须。雌雄均有细短角，末端尖细，角基部横棱明显。体灰褐色，背中线有一深色脊纹，喉下部斑白色或棕白色；下体色调基本上与上体相似，但略淡而稍灰；鼠蹊部污白、棕白色；尾短，灰黑色。

生境

在贵州，多栖息在河谷两岸，地势险峻、多悬崖峭壁生有灌丛、深草和树林的地区。冬季喜在向阳的山崖突出处沐浴阳光，夏季喜在偏岩、峭壁下栖息。

习性

晨昏活动，集10只以下小群活动，活动范围多不超过林线。常在密林间的陡峭崖坡出没，并在岩石旁、岩洞或丛竹间隐蔽。以植物的嫩枝、叶及青草为食。冬季交配，翌年夏季产仔，每胎产1仔，偶产2仔。

贵州分布

贵州有2个亚种，威宁、毕节、六盘水等西北部为川西亚种（*N. g. griseus*），西南部的兴义、安龙及黔南三都、独山和黔中、黔北地区为华南亚种（*N. g. arnouxianus*），这些地区曾多有分布，后数量骤减，近年来种群开始恢复，但仍稀少。

中华鬣羚

Chinese Serow

Capricornis milneedwardsii

◎别名：苏门羚、野牛、山驴、大山羊、明鬃羊

◎保护级别与受胁等级：

国家二级；IUCN-NT；

CHINARL-VU；

CITES-附录I

◎分类：

偶蹄目ARTIODACTYLA

牛科Bovidae

鬣羚属*Capricornis*

◎体重及体长：

体重85.0～140.0千克；

头体长1400～1700毫米；

尾长115～160毫米

◎野外遇见率：

偶见

识别要点

体大，头狭；雌雄均有短而向后弯的黑角；眶下腺发达，开口于眼前方；耳似驴耳，狭长而尖；自角基至颈背有长灰白色毛，甚为明显；体毛色深；颈背具发达鬣毛；四肢下部锈色明显；尾长约为后足长一半。

习性

夜行性，单独或结小群（2～3只）活动，喜在偏岩、陡壁下或岩洞中卧息，栖息地点稳定，常有粪堆。主要采食山茶、悬钩子、鸢尾、竹叶及藤本植物等植物嫩枝叶及菌类，偶盗食作物。9—10月交配，孕期约8个月，次年5—6月产仔，每胎1仔。

生境

在贵州，多栖息于东部崎岖陡峭多岩、湿润的山地森林中，在海拔2000米以下的常绿、落叶阔叶混交林中活动，善在悬崖、陡坡上行走、跳跃。

贵州分布

除黔西北外，贵州大部分地区曾有分布记录，后数量趋减，但近年种群恢复较快，在黔东、黔北、黔东南多地，尤其是自然保护区内被监测记录到，遇见率较斑羚高。

橙翅噪鹛（张海波/摄）

鸟 纲
AVES

褐胸山鹧鸪

Bar-backed Partridge

Arborophila brunneopectus

◎别名：山鹧鸪、
棕胸山鹧鸪、
斑背山鹧鸪

◎保护级别与受胁等级：
国家二级；IUCN-LC；
CHINARL-NT；
CITES-未列入

◎分类：
鸡形目GALLIFORMES
雉科Phasianidae
山鹧鸪属*Arborophila*

◎体重及体长：
体重♂220～275克，
♀312～363克；
体长220～297毫米

◎野外遇见率：
罕见

◎居留型：
留鸟

识别要点

醒目的奶油色眉纹下延至颈部，眼线黑色，喉和颊奶油色，在喉和胸部之间有由黑色小斑点组成的环带与眼线相连，两胁具明显的黑色及白色鳞状斑，两翼有条状图纹。

生境

主要栖息于中低海拔的山地常绿阔叶林中，也见于低山丘陵和山脚平原地带的竹林与灌丛中。

习性

活动时安静，不易被发现。主要以植物种子和果实为食，也吃直翅目、鞘翅目等昆虫。

贵州分布

记录于罗甸、望谟。

红腹角雉

Temminck's Tragopan

Tragopan temminckii

◎别名：岩脚鸡、角角鸡、星星鸡、哇哇鸡

◎保护级别与受胁等级：

国家二级；IUCN-LC；CHINARL-NT；CITES-未列入

◎分类：

鸡形目GALLIFORMES

雉科Phasianidae

角雉属*Tragopan*

◎体重及体长：

体重♂980～1800克，♀930～1300克；

体长♂480～660毫米，♀440～550毫米

◎野外遇见率：

偶见

◎居留型：

留鸟

识别要点

雄鸟头和羽冠黑色，羽冠两侧各有一只绿蓝色肉质角；颏裸出部也为绿蓝色；喉下肉裾亮蓝色；上下体羽深栗红色，满杂以灰色眼状斑。雌鸟上体灰褐色，具白色矢状斑；下体淡皮黄色，满缀以黑色和白色斑点。

习性

多单独活动，常在地面觅食，善奔走，少飞行，营巢于树枝上。鸣声似小孩啼哭的“哇哇”声。主要以植物种子、果实、幼芽及嫩叶等为食。

生境

主要栖息于湿润常绿阔叶林或针阔混交林中，有时也到高山灌丛地带活动。

贵州分布

记录于贵定、长顺、惠水、施秉、印江、江口、正安、绥阳、务川、桐梓、习水等地。

勺鸡

Koklass Pheasant

Pucrasia macrolopha

◎别名：柳叶鸡、角鸡、刁鸡

◎保护级别与受胁等级：

国家二级；IUCN-LC；

CHINARL-LC；

CITES-未列入

◎分类：

鸡形目GALLIFORMES

雉科Phasianidae

勺鸡属*Pucrasia*

◎体重及体长：

体重♂760～1184克，

♀900～1000克；

体长♂530～626毫米，

♀395～518毫米

◎野外遇见率：

偶见

◎居留型：

留鸟

识别要点

雄鸟颈侧在耳羽后下方有白色块斑，头侧；脸颊和耳羽呈暗绿金属色；羽呈披针形，但下体灰色较浅淡，黑纹较窄。雌鸟头顶黄褐色，颏、喉淡棕白色；下体具棕白色羽干纹和杂以黑褐色斑纹。

习性

多单独或成对活动。晚上栖息于树上，白天在地面觅食。主要以植物嫩芽、嫩叶、花、果实和种子等为食，也取食少量动物性食物。

生境

主要栖息于中低海拔的阔叶林、针叶林和针阔混交林中。尤喜环境湿润、灌草丛发达、地势起伏不平的针阔混交林，偶见于林缘灌丛。

贵州分布

主要分布于江口、雷山等地。

红原鸡

Red Junglefowl

Gallus gallus

◎别名：烛夜、山鸡、
茶花鸡、野鸡

◎保护级别与受胁等级：
国家二级；IUCN-LC；
CHINARL-NT；CITES-未列入

◎分类：
鸡形目GALLIFORMES
雉科Phasianidae
原鸡属*Gallus*

◎体重及体长：
体重♂800～1050克，
♀550～750克；
体长♂537～710毫米，
♀416～462毫米

◎野外遇见率：
罕见

◎居留型：
留鸟

识别要点

雄鸟头顶肉冠和喉下肉垂砖红色，脸、颏、喉及前颈裸出部浅红色，耳羽簇浅栗色，后颈和上背羽毛星矛状。雌鸟额浓栗色，并向后延伸至胸，形成项领状；头顶棕黄色，具黑色斑点；与雄鸟相比，头上具较小的红色肉冠，喉下无肉垂。

习性

常成群活动，性胆怯而机警，多在地面觅食，行为似家鸡，但飞行能力较强，夜栖于树上。主要以植物叶、花、幼芽和种子等为食。

生境

主要栖息于中低海拔的灌丛，尤喜常绿阔叶林和林缘灌丛带，有时也到耕地及村落附近活动。

贵州分布

主要分布在贵州南部，望谟、册亨等地有发现记录。

白鹇

Silver Pheasant

Lophura nycthemera

◎别名：银鸡、闲客、白雉、白鹇鸡、越禽

◎保护级别与受胁等级：

国家二级；IUCN-LC；

CHINARL-LC；

CITES-未列入

◎分类：

鸡形目GALLIFORMES

雉科Phasianidae

鹇属*Lophura*

◎体重及体长：

体重♂1515～2000克，

♀1150～1300克；

体长♂990～1135毫米，

♀650～709毫米

◎野外遇见率：

偶见

◎居留型：

留鸟

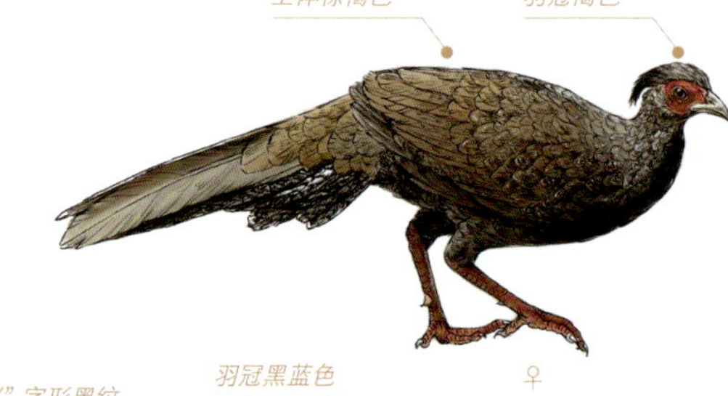

羽毛密布“V”字形黑纹

羽冠黑蓝色

♂

识别要点

雄性头上羽冠及下体蓝黑色；脸裸露呈赤红色；上体和两翅白色，自后颈或上背起密布“V”字形黑纹。雌性羽冠褐色，先端黑褐色；脸裸出部小，赤红色；上体棕褐色或橄榄褐色。

生境

主要栖息于中低海拔的山地森林，尤喜茂密的森林且林下稀疏的近水沟谷，也出现于针阔混交林和竹林内。

习性

性机警，常集小群活动，遇危险时快速四散，并伴有尖厉的报警声。食性主要以植物幼芽、块根、果实和种子为食，也吃甲虫、蚂蚁、蜗牛等食物。

贵州分布

主要分布于贵州东南部、南部和西部的榕江、三都、罗甸、册亨、毕节、荔波等县，中部至北部的贵阳及习水、赤水亦有分布。

白颈长尾雉

Elliot's Pheasant
Syrmaticus ellioti

◎别名：横纹背鸡、山鸡、红山鸡、高山雉鸡、地花鸡

◎保护级别与受胁等级：
国家一级；IUCN-NT；CHINARL-VU；CITES-附录 I

◎分类：
鸡形目GALLIFORMES
雉科Phasianidae
长尾雉属*Syrmaticus*

◎体重及体长：
体重♂605～1050克，♀650～1300克；
体长♂706～837 毫米，♀480～547毫米

◎野外遇见率：
偶见

◎居留型：
留鸟

识别要点

雄鸟颈白色；脸裸露，鲜红色，上背和胸辉栗色，腹棕白色；尾下覆羽绒黑色；具距。雌鸟头侧、颈侧及颏沙褐色；背黑色而具浅栗色横斑，羽端呈沙褐色至灰褐色。

习性

喜集群，常呈3～8只的小群活动，活动以早晚为主，栖息于树上。性胆怯而机警，活动时很少鸣叫。以植物叶、茎、芽、花、果实、种子为食，也吃昆虫等。

生境

主要栖息于中低海拔的阔叶林、混交林、针叶林地带。

贵州分布

中国特有种，贵州记录于绥阳、榕江、从江、雷山、江口、石阡、沿河等地。

黑颈长尾雉

Mrs Hume's Pheasant

Syrmaticus humiae

◎别名：地花鸡、黑鸡、帝雉

◎保护级别与受胁等级：

国家一级；IUCN-NT；

CHINARL-VU；

CITES-附录Ⅰ

◎分类：

鸡形目GALLIFORMES

雉科Phasianidae

长尾雉属*Syrmaticus*

◎体重及体长：

体重♂约975克，

♀620～746克；

体长♂960～1045毫米，

♀471～500毫米

◎野外遇见率：

罕见

◎居留型：

留鸟

识别要点

雄鸟脸裸露，呈辉红色；颈、颏、喉灰黑色，背上部和上胸铜蓝色；其余背部和下胸紫栗色；尾羽白色，具黑色横斑；具距。雌鸟眼周裸出皮肤红色；上体棕褐色，具两道窄的浅色翅斑；下体浅褐色，具鳞状纹。

习性

成对或小群游荡觅食，觅食活动主要在林下地面。性机警，活动时甚宁静。主要以浆果、种子、根、嫩叶、幼芽等为食。

生境

主要栖息于中高海拔的阔叶林、针阔混交林以及疏林灌丛、草地和林缘地带，尤其喜欢林下灌丛植物发达而又多岩石的山坡混交疏林和林缘区域活动。

贵州分布

主要分布于贵州南部的紫云、长顺、兴义、贞丰、荔波、罗甸等地。

白冠长尾雉

Reeves's Pheasant

Syrmaticus reevesii

◎别名：箐鸡、雷鸡、蓑鸡、长尾鸡

◎保护级别与受胁等级：

国家一级；IUCN-VU；CHINARL-EN；CITES-附录Ⅱ

◎分类：

鸡形目GALLIFORMES

雉科Phasianidae

长尾雉属*Syrmaticus*

◎体重及体长：

体重♂1425～1736克，♀700～1000克；

体长♂1408～1967毫米，♀558～695毫米

◎野外遇见率：

偶见

◎居留型：

留鸟

识别要点

雄鸟头顶和颈白色，颈后有一不完整的黑领；上体棕土黄色，具黑色羽缘；中央尾羽特长，呈银白色，并具黑色横斑。雌鸟头顶及后颈暗栗褐色，具黑褐色颊斑；上背黑色，具矢状白斑和浅栗褐色端斑。

习性

多集群活动。性机警，稍有动静，即刻逃离。善奔跑，善飞翔。以植物果实、种子、幼芽、嫩叶、花、块茎、块根和农作物幼苗、谷粒为食。

生境

主要栖息在中低海拔的山地森林中，尤为喜欢地形复杂、地势起伏不平、多沟谷悬崖、峭壁陡坡和林木茂密的山地阔叶林或混交林。

贵州分布

中国特有种，贵州主要分布于威宁、江口、沿河、龙里、贵定、平塘、惠水、绥阳等地。

红腹锦鸡

Golden Pheasant

Chrysolophus pictus

◎别名：金鸡、锦鸡、别雉、采鸡

◎保护级别与受胁等级：

国家二级；IUCN-LC；CHINARL-NT；CITES-未列入

◎分类：

鸡形目GALLIFORMES

雉科Phasianidae

锦鸡属*Chrysolophus*

◎体重及体长：

体重♂570～751克，♀550～670克；

体长♂861～1078 毫米，♀590～700毫米

◎野外遇见率：

常见

◎居留型：

留鸟

识别要点

雄鸟头部具金黄色丝状羽冠；后颈围有黑色羽端的橙棕色扇状羽，形成披肩状；下体深红色；尾羽黄黑色，嵌有橙黄色斑点。雌鸟通体黑褐色与棕黄色相间，形成不规则横斑及斑点。

习性

常集群活动。奔走能力强，飞行迅速，行动机警。食性以植食性为主，也食昆虫。

生境

主要栖息于中低海拔的山区浓密灌丛和矮树丛，冬季常到林缘草坡和农耕地里活动和觅食。

贵州分布

中国特有种，在贵州主要分布于东部山区，包括绥阳、石阡、江口、沿河、印江等地，尤以大娄山区域居多。

白腹锦鸡

Lady Amherst's Pheasant

Chrysolophus amherstiae

◎别名：铜鸡、笋鸡、
衮鸡、银鸡

◎保护级别与受胁等级：
国家二级；IUCN-LC；
CHINARL-NT；CITES-未列入

◎分类：
鸡形目GALLIFORMES
雉科Phasianidae
锦鸡属*Chrysolophus*

◎体重及体长：
体重♂650～960克，
♀585～900克；
体长♂1130～1450毫米，
♀539～670毫米

◎野外遇见率：
常见

◎居留型：
留鸟

识别要点

雄鸟枕冠赤红色；后颈围有黑色羽端的白色扇状羽，形成披肩状；背部及胸部呈金属翠绿色；白色尾羽长，具黑色横斑。雌鸟头顶和颈灰棕色；上体棕褐色，具黑色横斑；胸浅棕红色；腹白色；尾棕红色，具横斑。

生境

栖息于中高海拔的山地森林及林缘地带，冬季也常下到农田地带活动和觅食。

习性

常集群活动，觅食活动多在晨昏，中午静息。性机警，多隐蔽在密林深处。食性以植食性为主，也吃部分昆虫。

贵州分布

主要分布于贵州西南、西部至西北部，向东可延伸至贵阳，包括威宁、赫章、水城、盘州、兴义等地。

小白额雁

Lesser White-fronted Goose
Anser erythropus

◎别名：弱雁

◎保护级别与受胁等级：
国家二级；IUCN-VU；
CHINARL-VU；
CITES-未列入

◎分类：
雁形目ANSERIFORMES
鸭科Anatidae
雁属*Anser*

◎体重及体长：
体重1440～1750克；
体长560～660毫米

◎野外遇见率：
罕见

◎居留型：
冬候鸟

识别要点

雌雄相似。额部和喙基有白斑；喙较短；眼圈金黄色；通体暗褐色；上体羽缘黄白色；腹呈白色，嵌不规则斑块；尾上覆羽白色；尾羽暗褐色，具白斑。

习性

通常成群活动。夜栖于大型湖泊和宽阔河道中，白天成群到草地、农田地区觅食。食性为植食性，以水草为食，也食谷类、种子等。

生境

栖息于沼泽、水库、湖泊、河流、农田里。

贵州分布

记录于威宁。

小天鹅

Tundra Swan

Cygnus columbianus

◎别名：短嘴天鹅、啸声天鹅、苔原天鹅

◎保护级别与受胁等级：

国家二级；IUCN-LC；CHINARL-NT；CITES-未列入

◎分类：

雁形目ANSERIFORMES

鸭科Anatidae

天鹅属*Cygnus*

◎体重及体长：

体重♂4510～7000克，♀5010～6400克；

体长♂1130～1300毫米，♀1100～1132毫米

◎野外遇见率：

罕见

◎居留型：

冬候鸟

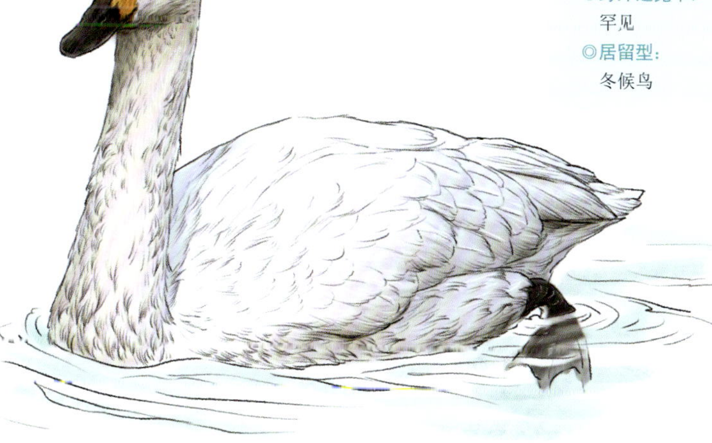

识别要点

雌雄相似。全身雪白；喙端黑色，喙基黄色；脚和蹼均呈黑色。与大天鹅相似，但其头更圆，喙上黄斑不过鼻孔，多呈梯形状。

习性

通常集群活动，会与其他天鹅、雁类混群。主要以水生植物的根茎和种子等为食，兼食水生昆虫等。

生境

常栖息在水生植物丰富的湖泊、水塘、农田等地。

贵州分布

记录于威宁、雷山、花溪。

大天鹅

Whooper Swan
Cygnus cygnus

◎别名：咳声天鹅、
喇叭天鹅、黄嘴天鹅

◎保护级别与受胁等级：
国家二级；IUCN-LC；
CHINARL-NT；
CITES-未列入

◎分类：
雁形目ANSERIFORMES
鸭科Anatidae
天鹅属*Cygnus*

◎体重及体长：
体重♂7000～12000克，
♀6500～9000克；
体长♂1215～1635毫米，
♀1421～1480毫米

◎野外遇见率：
罕见

◎居留型：
冬候鸟

识别要点

雌雄相似。全身羽毛均为雪白色，喙端黑色，喙基黄色。与小天鹅相比，头近似三角形，喙上黄斑延伸过鼻孔，多呈锐角。

生境

栖息于浅水水池、湖泊、缓流河流、沼泽。

习性

常集群活动。觅食于浅滩或草地，栖息地较固定。以植物性食物为主，也吃少量动物。

贵州分布

记录于威宁。

鸳鸯

Mandarin Duck

Aix galericulata

◎别名：中国官鸭、乌仁哈钦、官鸭、匹鸟、邓木鸟

◎保护级别与受胁等级：

国家二级；IUCN-LC；CHINARL-NT；CITES-未列入

◎分类：

雁形目ANSERIFORMES

鸭科Anatidae

鸳鸯属*Aix*

◎体重及体长：

体重♂430～590克，♀435～550克；

体长♂401～430毫米，♀438～450毫米

◎野外遇见率：

常见

◎居留型：

冬候鸟或留鸟

识别要点

雌雄异色。雄鸟喙红色；头部具有艳丽的冠羽；眼后具有白色眉纹，宽且长；翅后有醒目的帆状直立羽，呈栗黄色。雌鸟喙灰黑色；眼后具细白线；胁部具圆形浅斑；无冠羽，无帆状直立羽。

习性

性胆怯。繁殖期常成对活动，非繁殖期集大群。杂食性，春冬季以植物及作物为食，繁殖季以动物性食物为食。

生境

栖息于中低海拔的开阔水域，也见于林木密集的溪流处。

贵州分布

贵州省大部分湿地区域均有分布，其中，常见于遵义和铜仁等地。

棉凫

Cotton Pygmy-goose

Nettapus coromandelianus

◎别名：棉花小鸭、小白鸭子、八鸭、棉鸭

◎保护级别与受胁等级：

国家二级；IUCN-LC；CHINARL-EN；CITES-未列入

◎分类：

雁形目ANSERIFORMES

鸭科Anatidae

棉凫属*Nettapus*

◎体重及体长：

体重♂200～312克，♀190～260克；

体长300～310毫米

◎野外遇见率：

罕见

◎居留型：

夏候鸟

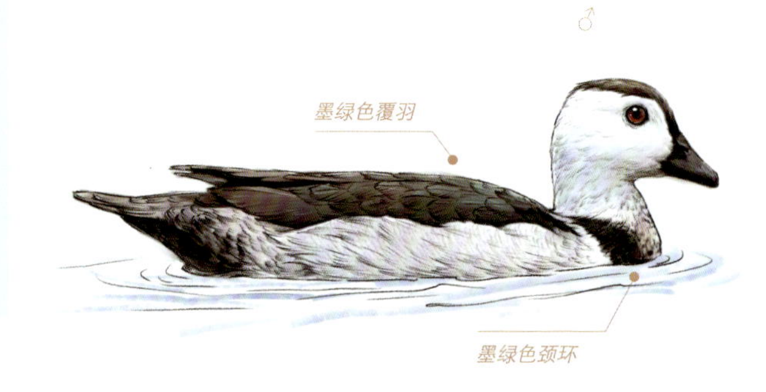

识别要点

雌雄异色，为最小的鸭类。雄鸟虹膜深红色；头，颈白色，额及头顶黑褐色，颈环墨绿色，背部及覆羽也为墨绿色，飞羽黑白相间。雌鸟虹膜棕色，额及头顶暗褐色，有深色过眼纹。

生境

栖息于江河、湖泊、水塘、沼泽等有浮水或挺水植物的平静淡水水域，有时也出现在村庄附近开阔的水塘中。

习性

喜成对或集群活动，在水生植物间游动觅食，性胆小、谨慎，甚少上岸。食性以植食性为主，兼食动物性食物。

贵州分布

主要记录于绥阳、威宁、观山湖区、茂兰等地。

青头潜鸭

Baer's Pochard

Aythya baeri

◎别名：白目凫、东方白眼鸭、青头鸭

◎保护级别与受胁等级：

国家一级；IUCN-CR；CHINARL-CR；CITES-未列入

◎分类：

雁形目ANSERIFORMES

鸭科Anatidae

潜鸭属*Aythya*

◎体重及体长：

体重♂500～730克，♀590～655克；

体长♂430～470毫米，♀420～434毫米

◎野外遇见率：

罕见

◎居留型：

冬候鸟

识别要点

中型潜鸭。雄鸟头较圆，呈金属墨绿色，虹膜白色，喙深灰色，尖端和基部呈黑色；胸部为暗栗色；腹中部为白色。雌鸟头部略带绿色，整体和颈部呈黑褐色。

生境

栖息在有大量水生植物、水流缓慢的湿地、湖泊、水塘和沼泽地带。

习性

常和白眼潜鸭混群。晨昏较活跃，潜水觅食；白天大部分时间则在水面游泳或休息。主要以各种水生植物的根、叶、茎和种子为食，也吃软体动物、水生昆虫、甲壳类、蛙、鱼等动物。

贵州分布

记录于威宁、花溪。

斑头秋沙鸭

Smew

Mergellus albellus

◎别名：白秋沙鸭、
小秋沙鸭、
川秋沙鸭、熊猫鸭

◎保护级别与受胁等级：
国家二级；IUCN-LC；
CHINARL-LC；
CITES-未列入

◎分类：
雁形目ANSERIFORMES
鸭科Anatidae
Mergellus

◎体重及体长：
体重♂500～691克，
♀340～720克；
体长♂415～442毫米，
♀340～456毫米

◎野外遇见率：
罕见

◎居留型：
冬候鸟

识别要点

雌雄异色。雄鸟体白色，眼罩、枕纹、上背、初级飞羽及胸侧的狭窄条纹为黑色，体侧具灰色蠕虫状细纹。雌鸟上体灰色，具两道白色翼斑；眼先深色；头部棕色延伸至下喙基；颊、颈侧、额和喉白色。

生境

栖息于水草丰富的淡水湖泊、河流或林间沼泽地带。

习性

常集群活动，性机警，潜水觅食。主要以小型鱼类、甲壳类、贝类、水生昆虫石蚕等无脊椎动物为食，偶尔也吃少量植物性食物如水草、种子、树叶等。

贵州分布

记录于威宁。

中华秋沙鸭

Scaly-sided Merganser

Mergus squamatus

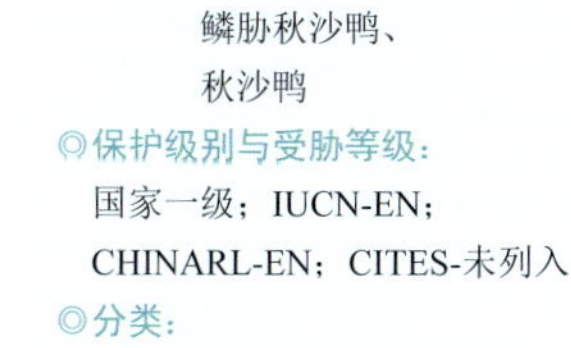

◎别名：唐秋沙、
鳞胁秋沙鸭、
秋沙鸭

◎保护级别与受胁等级：
国家一级；IUCN-EN；
CHINARL-EN；CITES-未列入

◎分类：
雁形目ANSERIFORMES
鸭科Anatidae
秋沙鸭属*Mergus*

◎体重及体长：
体重♂1025～1170克，
♀800～1000克；
体长♂542～635毫米，
♀491～584毫米

◎野外遇见率：
罕见

◎居留型：
冬候鸟

识别要点

雌雄异色。雄鸟头部墨绿色，上喙平直，冠羽明显，上背黑色，体侧、下体白色，胁具鳞状斑。雌鸟头和上颈棕褐色，冠羽比雄鸟短，上体灰褐色，下体白色，胁具鳞状斑。

生境

栖息于开阔地区大的江河与湖泊中。

习性

常成对或集小群活动。潜水捕鱼，食物主要为石蛾幼虫、甲虫、鱼类等水生动物。

贵州分布

记录于威宁、平塘、都匀、贞丰、荔波、南明区、碧江区、钟山区等地。

黑颈䴙䴘

Black-necked Grebe
Podiceps nigricollis

◎别名：艄板儿、耳䴙䴘

◎保护级别与受胁等级：
国家二级；IUCN-LC；
CHINARL-NT；
CITES-未列入

◎分类：
䴙䴘目PODICIPEDIFORMES
䴙䴘科Podicipedidae
䴙䴘属*Podiceps*

◎体重及体长：
体重♂300～400克，
♀240～350克；
体长♂250～349毫米，
♀250～335毫米

◎野外遇见率：
罕见

◎居留型：
冬候鸟

识别要点

雌雄同色。喙黑色，细而尖，微向上翘；虹膜红色。繁殖羽颈部黑色，有明显金橙黄色耳簇羽；非繁殖羽头顶、后颈和上体黑褐色，颏、喉和两颊灰白色，无眼后饰羽。

生境

栖息于淡水湖泊、水塘、河流及沼泽地带。

习性

成对或集小群活动。主要通过潜水觅食，食物主要为昆虫成虫、各种小鱼、蛙、蝌蚪、蠕虫以及甲壳类和软体动物，偶尔也吃少量水生植物。

贵州分布

记录于威宁。

红翅绿鸠

White-bellied Green-pigeon

Treron sieboldii

◎别名：白腹楔尾鸠、白腹楔尾绿鸠

◎保护级别与受胁等级：

国家二级；IUCN-LC；CHINARL-NT；CITES-未列入

◎分类：

鸽形目COLUMBIFORMES

鸠鸽科Columbidae

绿鸠属*Treron*

◎体重及体长：

体重♂238～340克，♀200～298克；

体长♂299～329毫米，♀215～316毫米

◎野外遇见率：

偶见

◎居留型：

留鸟

识别要点

雄鸟前额和眼先亮橄榄黄色，头顶和后颈橄榄色至棕橙色，翅上覆羽紫红色，其余上体橄榄色或橄榄绿色，喉和胸亮黄色，腹部近白色，腹部两侧及尾下覆羽具灰斑。雌鸟同雄鸟，但翅上覆羽暗绿色。

生境

主要栖息在中高海拔的阔叶林或针阔混交林，也见于公园灌木、耕地或果树。

习性

集小群活动。主要以浆果为食，也吃其他植物果实与种子。

贵州分布

主要分布于施秉、正安、威宁、绥阳、印江、赤水、乌当等地。

褐翅鸦鹃

Greater Coucal
Centropus sinensis

◎别名：火老鸦、火毛鸡、
大毛鸡、红毛鸡

◎保护级别与受胁等级：
国家二级；IUCN-LC；
CHINARL-LC；
CITES-未列入

◎分类：
鹃形目CUCULIFORMES
杜鹃科Cuculidae
鸦鹃属*Centropus*

◎体重及体长：
体重♂250～280克，
♀280～392克；
体长♂400～490毫米，
♀485～520毫米

◎野外遇见率：
偶见

◎居留型：
留鸟

识别要点

成鸟喙黑色；虹膜鲜红；额、头顶至上背及头侧和下体均为黑色，带有紫蓝色金属光泽。翼羽和下背呈鲜艳栗红色。亚成体虹膜浅色；头颈密布白色斑点；翼羽棕褐色，具黑褐色横纹。本种与小鸦鹃相比，体形稍大，虹膜颜色更加鲜艳。

生境

常栖息于低山丘陵的次生灌丛。

习性

单个或成对活动，常在地面或林缘灌丛行走、跳跃、追逐猎物。食性主要以毛虫、蝗虫等昆虫为食，也吃蚯蚓、甲壳类、软体动物等无脊椎动物和蛇、蜥蜴、鼠类、鸟卵等脊椎动物。

贵州分布

主要分布在贵州南部，包括平塘、兴义、册亨、望谟、都匀、长顺、榕江等地。

小鸦鹃

Lesser Coucal

Centropus bengalensis

◎别名：小毛鸡

◎保护级别与受胁等级：

国家二级；IUCN-LC；

CHINARL-LC；CITES-未列入

◎分类：

鹃形目CUCULIFORMES

杜鹃科Cuculidae

鸦鹃属*Centropus*

◎体重及体长：

体重♂85～140克，

♀105～167克；

体长♂301～380毫米，

♀392～398毫米

◎野外遇见率：

偶见

◎居留型：

留鸟

识别要点

喙黑色；头侧及下体均为黑褐色，并微具蓝色金属光泽；颈和背有稀疏的浅色针状羽簇；翼羽及下背棕栗色；尾羽黑褐色，先端微白。本种与褐翅鸦鹃相比，体形稍小，色彩暗淡，虹膜棕褐色。

习性

单独或成对活动，常在地面、灌丛或矮树丛中活动。性机警而隐蔽，稍有惊动，便立即奔入稠密的灌丛或草丛中躲避。食性主要以昆虫和其他无脊椎动物为主，也吃少量植物果实与种子。

生境

主要栖息于低山丘陵的次生灌丛，选择的生境通常比褐翅鸦鹃的生境更为开阔而近水。

贵州分布

主要分布在贵州南部，包括安龙、册亨、望谟、榕江等地。

棕背田鸡

Black-tailed Crake

Zapornia bicolor

◎别名：黑尾苦恶鸟、黑尾田鸡

◎保护级别与受胁等级：

国家二级；IUCN-LC；CHINARL-LC；CITES-未列入

◎分类：

鹤形目GRUIFORMES

秧鸡科Rallidae

小田鸡属*Zapornia*

◎体重及体长：

体重约72克；

体长197～250毫米

◎野外遇见率：

罕见

◎居留型：

旅鸟或留鸟

识别要点

雌雄相似。喙偏绿色，端部灰色；头、胸暗灰色；后颈、背、翼覆羽棕栗色；尾羽黑色，尾上覆羽具白斑；脚暗红色。

生境

主要栖息于低山丘陵和林缘地带，在水稻田、溪流、沼泽、草地、苇塘及其附近草丛、灌丛、湿草地等地带活动。

习性

常在晨昏间从隐蔽处走出觅食，受惊后迅速飞离或逃跑。不善鸣叫。杂食性，主要以水生昆虫和其他小型无脊椎动物为食。

贵州分布

主要分布在江口、威宁等地。

紫水鸡

Purple Swamphen

Porphyrio porphyrio

◎别名：无

◎保护级别与受胁等级：

国家二级；IUCN-LC；

CHINARL NT；CITES-未列入

◎分类：

鹤形目GRUIFORMES

秧鸡科Rallidae

紫水鸡属*Porphyrio*

◎体重及体长：

体重约550克；

体长455～500毫米

◎野外遇见率：

草海自然保护区内偶见

◎居留型：

留鸟

识别要点

雌雄相似。喙粗壮，呈鲜红色；额甲宽大，后缘平截，呈橙红色；体羽大都为蓝紫色；翼和胸蓝绿色；尾羽黑褐色稍沾蓝绿色，会频繁上下摆动，显露出白色尾下覆羽；脚、趾暗红色，甚长。

习性

通常成对或成家族群活动，性温顺而胆小。主要在清晨时分与傍晚时分觅食，白天躲藏在芦苇丛中。杂食性，但主要以植物为食。

生境

主要栖息于芦苇沼泽和富有水生植物的淡水水域，有时也出入于水稻田中。

贵州分布

主要分布于威宁（草海自然保护区）。

灰鹤

Common Crane
Grus grus

◎别名：普通鹤、欧亚鹤

◎保护级别与受胁等级：
国家二级；IUCN-LC；
CHINARL-NT；
CITES-附录Ⅱ

◎分类：
鹤形目GRUIFORMES
鹤科Gruidae
鹤属*Grus*

◎体重及体长：
体重♂3750～4850克，
♀3000～5500克；
体长♂1048～1100毫米，
♀1000～1112毫米

◎野外遇见率：
草海自然保护区内常见

◎居留型：
冬候鸟

识别要点

大型涉禽，雌雄相似。头顶裸露皮肤红色，自眼后有一道白色宽条纹伸至颈部；前额、眼先、枕部、喉和颈前为灰黑色；体羽余部灰色，飞羽末端发黑；尾羽灰白色，尾端转灰黑色。

生境

主要栖息在海拔1000～2500米富有水生植物的开阔湖泊和沼泽地带，也常在开阔的农田或休耕地中觅食。

习性

在威宁草海常结5至10余只的小群活动，觅食时常有一只鹤担任警戒任务；集群夜宿，常与黑颈鹤混群。杂食性，但以植物性食物为主，包括水葱及荆三棱的根茎以及玉米、马铃薯、萝卜等农作物。

贵州分布

主要分布于威宁（草海自然保护区），罕见于清镇、平坝等地。

白头鹤

Hooded Crane

Grus monacha

◎别名：锅鹤、玄鹤、修女鹤

◎保护级别与受胁等级：

国家一级；IUCN-VU；CHINARL-EN；CITES-附录Ⅰ

◎分类：

鹤形目GRUIFORMES

鹤科Gruidae

鹤属*Grus*

◎体重及体长：

体重♂3284～4870克，♀3397～3737克；

体长♂950～970毫米，♀920～940毫米

◎野外遇见率：

罕见

◎居留型：

冬候鸟或旅鸟

识别要点

大型涉禽，雌雄相似。头顶前半部裸露皮肤呈红色，前额、眼先黑色；头至上颈为纯白色，在后颈的纯白色向下延伸，余部体羽呈石板灰色；脚近黑色。

习性

成对或成家族群活动，有时也见单独活动或由不同家族群组成松散群体活动。性机警，活动和觅食时常不断地抬头观望，有危险时就鼓翼起飞，在空中盘旋，并且不停地鸣叫。杂食性，主要以甲壳类、鱼类、昆虫为食，也食稻谷等农作物。

生境

主要栖息在河流、湖泊、沼泽等湿地生境，也出现于林缘和林中开阔沼泽地上。

贵州分布

记录于威宁（草海自然保护区）。

黑颈鹤

Black-necked Crane
Grus nigricollis

◎别名：暗鹅、藏鹤

◎保护级别与受胁等级：

国家一级；IUCN-NT；
CHINARL-VU；
CITES-附录 I

◎分类：

鹤形目GRUIFORMES
鹤科Gruidae
鹤属*Grus*

◎体重及体长：

体重♂3850～6100克，
♀5000～6250克；
体长♂1140～1190 毫米，
♀1160～1200毫米

◎野外遇见率：

草海自然保护区内常见

◎居留型：

冬候鸟

识别要点

大型涉禽，雌雄相似。头顶和眼先裸露皮肤呈红色，其上有稀疏的黑色毛状短羽；眼后有一灰白色块斑；头、颈的2/3为黑色，飞羽和尾羽黑褐色，其余体羽为灰白色。

生境

主要越冬在海拔1600～2400米的高山沼泽、草甸、湖周沼泽地以及河谷沼泽区。

习性

每年10月中旬迁来威宁县草海越冬，翌年3月中下旬北返。常5～10只集群或以家庭群活动，栖息于开阔的沼泽或农耕地；集群夜宿于草海外围沼泽湿地，常与灰鹤混群。植食性，主要以水莎草、荆三棱等水生植物为食，也食耕地中残留的马铃薯块茎等农作物。

贵州分布

主要分布于威宁（草海自然保护区），曾于普安、水城、赤水有发现，应为迷鸟。

水雉

Pheasant-tailed Jacana
Hydrophasianus chirurgus

◎别名：鸡尾水雉、长尾水雉

◎保护级别与受胁等级：
国家二级；IUCN-LC；CHINARL-NT；CITES-未列入

◎分类：
鸻形目CHARADRIIFORMES
水雉科Jacanidae
水雉属*Hydrophasianus*

◎体重及体长：
体重♂132～160克，
♀约240克；
体长310～580毫米

◎野外遇见率：
罕见

◎居留型：
夏候鸟

识别要点

雌雄相似。繁殖期头和前颈白色，后颈金黄色；背、肩以及下体呈棕褐色；翼白色；尾黑色，中央尾羽长而向下弯曲；趾和爪细长。非繁殖期上体灰褐色，下体白色；具有白色眉纹；无长尾羽。

生境

常栖息于富有挺水植物和浮水植物的淡水湖泊、池塘、沼泽等湿地生境。

习性

单独或集小群活动。能在浮水植物叶片上行走，善游泳和潜水。杂食性，以昆虫、软体动物、植物的种子和嫩叶等为食。一雌多雄制，雄鸟负责孵卵和育雏。

贵州分布

记录于威宁、南明区、观山湖区等地。

白腰杓鹬

Eurasian Curlew

Numenius arquata

◎别名：麻鹬

◎保护级别与受胁等级：

国家二级；IUCN-NT；

CHINARL-NT；

CITES-未列入

◎分类：

鸻形目CHARADRIIFORMES

鹬科Scolopacidae

杓鹬属*Numenius*

◎体重及体长：

体重♂659～800克，

♀700～1000克；

体长♂575～616毫米，

♀592～625毫米

◎野外遇见率：

罕见

◎居留型：

冬候鸟

上体密布黑褐色细条纹

喙细长且下弯

识别要点

大型鸻鹬类，雌雄相似。喙细长且向下弯曲，约为头长的3倍；头、颈、胸黄褐色，密布黑褐色细条纹；胁部底色较白；尾下覆羽纯白色，无斑纹；飞行时，可见翼下覆羽纯白色，腰至背具白色区。

生境

常栖息于湖泊和河流等湿地生境的沿岸泥滩，偶至农田觅食。

习性

常单独或集小群活动。性机警，活动时步履缓慢稳重，并不时地抬头四处观望，发现危险，立刻飞走。主要以甲壳类、软体动物、昆虫等为食，常用长喙探入泥中觅食。

贵州分布

记录于威宁。

大滨鹬

Great Knot

Calidris tenuirostris

◎别名：细嘴滨鹬

◎保护级别与受胁等级：

国家二级；IUCN-EN；

CHINARL-EN；CITES-未列入

◎分类：

鸻形目CHARADRIIFORMES

鹬科Scolopacidae

滨鹬属*Calidris*

◎体重及体长：

体重♂725～750克，

♀900～1100克；

体长♂546～643毫米，

♀577～635毫米

◎野外遇见率：

罕见

◎居留型：

旅鸟

识别要点

大型鸻鹬类，雌雄相似。喙黑色，较长且厚；头、颈、上背和肩呈淡灰色，具黑色轴纹；下体白色，密布黑褐色点状斑，胁部条纹稀少；尾上覆羽白色，具黑褐斑；跗跖和趾呈古铜褐色。

生境

多栖息于沼泽、滩涂等湿地生境。

习性

单独或集小群活动。主要靠喙的触觉发现猎物，白天和晚上均可觅食，觅食速度较缓慢。以动物性食物为主，主要以甲壳类、软体动物、昆虫为食，也食草籽等植物。

贵州分布

主要记录于威宁。

彩鹳

Painted Stork

Mycteria leucocephala

◎别名：白头鹮鹳

◎保护级别与受胁等级：

国家一级；IUCN-NT；

CHINARL-DD；

CITES-未列入

◎分类：

鹳形目CICONIIFORMES

鹳科Ciconiidae

鹮鹳属*Mycteria*

◎体重及体长：

体重2000～3000克；

体长930～1020毫米

◎野外遇见率：

罕见

◎居留型：

夏候鸟

识别要点

大型涉禽，雌雄相似。成鸟头部裸露皮肤和喙呈橙黄色；体羽白色，胸具宽阔的黑色横带；初级飞羽、次级飞羽和尾羽黑色；飞行时，黑色两翅及黑白两色大覆羽及翅下覆羽异常明显。亚成体头部裸露，呈污橙黄色。

生境

主要栖息于湖泊、河流、水塘等淡水水域岸边浅水处及其附近沼泽和草地上。

习性

多集群活动，行动迟缓。以动物性食物为主，包括鱼类、蛙类、爬行类、甲壳类以及昆虫等，偶尔也吃植物性食物。

贵州分布

记录于威宁（草海自然保护区）。

黑鹳

Black Stork
Ciconia nigra

◎别名：乌鹳
◎保护级别与受胁等级：
国家一级；IUCN-LC；
CHINARL-VU；CITES-附录Ⅱ
◎分类：
鹳形目CICONIIFORMES
鹳科Ciconiidae
鹳属*Ciconia*
◎体重及体长：
体重♂2570～2600克，
♀2150～2747克；
体长♂1000～1100毫米，
♀1046～1172毫米
◎野外遇见率：
罕见
◎居留型：
冬候鸟

识别要点

大型涉禽，雌雄相似。头、颈、上体和上胸呈黑褐色；颈具紫绿色金属光泽；下胸、腹、两胁和尾下覆羽白色；喙长而直，呈红色；眼周裸露皮肤呈红色；跗跖和趾暗红色。

生境

常栖息于偏僻而无干扰的开阔湿地、池塘、湖泊等地。

习性

常集群活动，性机警而胆小。以动物性食物为主，包括各种小型鱼类，也捕食蛙、蜥蜴、蜗牛、甲壳类、啮齿类、小型爬行类、雏鸟和昆虫等其他动物。

贵州分布

记录于威宁（草海自然保护区）、仁怀等地。

东方白鹳

Oriental Stork
Ciconia boyciana

◎别名：白鹳、老鹳
◎保护级别与受胁等级：
国家一级；IUCN-EN；
CHINARL-EN；
CITES-附录Ⅰ
◎分类：
鹳形目CICONIIFORMES
鹳科Ciconiidae
鹳属*Ciconia*
◎体重及体长：
体重♂3950～4350克，
♀4250～4500克；
体长♂1190～1275毫米，
♀1114～1210毫米
◎野外遇见率：
偶见
◎居留型：
冬候鸟

识别要点

大型涉禽，雌雄相似。喙长而粗壮，呈黑色；前颈下部有呈披针形的长羽，眼周裸露皮肤，眼先和喉朱红色；站立时全身白色，飞翔时可见翅端黑色。

生境

常栖息于开阔的大型湖泊和沼泽等湿地生境。

习性

常集群活动，性机警、胆怯，常避开人群。以动物性食物为主，包括鱼、蛙、蜥蜴、蛇、鼠类、甲壳类、软体动物、昆虫等，也食少量植物性食物。

贵州分布

主要分布于威宁（草海自然保护区），近年来黄平、惠水均有发现记录。

彩鹮

Glossy Ibis
Plegadis falcinellus

◎别名：无
◎保护级别与受胁等级：
国家一级；IUCN-LC；
CHINARL-NT；CITES-未列入
◎分类：
鹈形目PELECANIFORMES
鹮科Threskiornithidae
彩鹮属*Plegadis*
◎体重及体长：
体重480～800克；
体长♂490～660毫米
◎野外遇见率：
罕见
◎居留型：
迷鸟

识别要点

中型涉禽，雌雄相似。顶和头侧为金属绿色或铜栗色；喙长且向下弯曲；前颊的上下两侧至前额具白色至浅蓝色的细线；体羽整体呈栗紫色，下背、翅和尾暗铜绿色，两翼具铜绿色金属光泽。

习性

多零散或集小群活动于湿地环境。主要以水生昆虫、虾、软体动物等小型无脊椎动物为食，也捕食吃蛙、蜥蜴和蛇等小型脊椎动物。

生境

常栖息于淡水湖泊、沼泽、稻田及漫水草地处等淡水水域。

贵州分布

威宁（草海自然保护区）、贵阳南明区曾有记录，应为迷鸟。

白琵鹭

Eurasian Spoonbill

Platalea leucorodia

◎别名：篦鹭

◎保护级别与受胁等级：

国家二级；IUCN-LC；

CHINARL-NT；

CITES-附录Ⅱ

◎分类：

鹈形目PELECANIFORMES

鹮科Threskiornithidae

琵鹭属*Platalea*

◎体重及体长：

体重♂2000～2080克，

♀1940～2175克；

体长♂793～875毫米，

♀740～864毫米

◎野外遇见率：

草海自然保护区内偶见

◎居留型：

冬候鸟

上喙具黑色皱纹

喙匙状，喙尖黄色

识别要点

中型涉禽，雌雄相似。喙长而直，前端扩大成匙状，喙尖黄色，上喙有黑色皱纹；繁殖羽全身白色，具羽冠，颈部有黄色颈圈。与黑脸琵鹭相比，其体形稍大，喙基部黑色，不扩展到额、脸、眼周和喉。

生境

常栖息于湖泊、沼泽、河流、水库岸边及其浅水处。

习性

喜单独或集小群活动，性机警畏人，较难接近。以动物性食物为主，包括水生昆虫、甲壳类、软体动物、蛙、蜥蜴和小型鱼类等，偶尔也吃少量植物性食物。

贵州分布

主要分布于威宁（草海自然保护区）。

黑脸琵鹭

Black-faced Spoonbill

Platalea minor

◎别名：黑面琵鹭、小琵鹭

◎保护级别与受胁等级：

国家一级；IUCN-EN；

CHINARL-EN；CITES-未列入

◎分类：

鹈形目PELECANIFORMES

鹮科Threskiornithidae

琵鹭属*Platalea*

◎体重及体长：

体重♂1862～2230克，

♀1380～1780克；

体长♂600～780毫米，

♀600～780毫米

◎野外遇见率：

罕见

◎居留型：

冬候鸟

识别要点

中型涉禽，雌雄相似。喙长而直，黑色，上下扁平，先端扩大成匙状；与白琵鹭相比，额、喉、脸、眼周和眼先全为黑色；非繁殖羽全身白色，头无羽冠，颈部也无黄色颈圈；跗跖、趾和爪为黑色。

习性

喜单独或集小群活动，性机警畏人，较难接近。以动物性食物为主，包括昆虫、甲壳类、软体动物和小型鱼类等。

生境

常栖息于湖泊、沼泽、河流、水库岸边及其浅水处。

贵州分布

记录于威宁（草海自然保护区）、兴义。

海南鳽

White-eared Night Heron

Gorsachius magnificus

◎别名：海南虎斑鳽

◎保护级别与受胁等级：

国家一级；IUCN-EN；

CHINARL-EN；

CITES-未列入

◎分类：

鹈形目PELECANIFORMES

鹭科Ardeidae

鳽属*Gorsachius*

◎体重及体长：

体重♂约750克，

♀约600克；

体长♂540～605毫米，

♀540～605毫米

◎野外遇见率：

罕见

◎居留型：

留鸟

识别要点

中型鹭科鸟类，雌雄相似。体形极纤细；头顶及冠羽黑色，眼后具白色条纹；眼先和眼圈黄色，眼睛大而突出；颊黑色，喉白色，中央具一条黑斑纹；颈侧淡黄褐色；上体暗褐色，下体具褐、白相间的条纹。

生境

主要栖息于亚热带高山密林中的山沟河谷和有水域的区域。

习性

多单独活动，不喜集群。白天多隐藏在密林中，晨昏活动最为频繁。食性以小鱼、蛙和昆虫等动物性食物为主。

贵州分布

分布于雷山、贞丰等地。

鹗

Osprey

Pandion haliaetus

◎别名：鱼鹰

◎保护级别与受胁等级：

国家二级；IUCN-LC；

CHINARL-NT；CITES-附录Ⅱ

◎分类：

鹰形目ACCIPITRIFORMES

鹗科Pandionidae

鹗属*Pandion*

◎体重及体长：

体重♂1000～1100克，

♀约1750克；

体长♂513～560毫米，

♀583～645 毫米

◎野外遇见率：

罕见

◎居留型：

留鸟

识别要点

中型猛禽，雌雄相似，但雌性体形较大。头顶具有黑褐色的纵纹；过眼纹黑色，延伸至后颈部，并与后颈的黑色融为一体；上体暗褐色，下体白色；翼指5枚，翼呈“M”形，翼下覆羽和腹部形成白色三角形。

生境

常栖息于河流、湖泊、水库等鱼源丰富的水域。尤其喜欢在山地森林中的河谷或有树木的水域地带。

习性

常单独或成对活动，性胆大、不畏人，领域性不强。多在水面缓慢的低空飞行，有时也在高空翱翔和盘旋。主要以鱼类为食，觅食时以固定的路线巡飞，抓到鱼后会携带飞行至安全地带再进食。

贵州分布

记录于绥阳。

黑翅鸢

Black-winged Kite
Elanus caeruleus

◎别名：灰鹞子
◎保护级别与受胁等级：
国家二级；IUCN-LC；
CHINARL-NT；
CITES-附录Ⅱ
◎分类：
鹰形目ACCIPITRIFORMES
鹰科Accipitridae
黑翅鸢属*Elanus*
◎体重及体长：
体重220～240克；
体长310～340毫米
◎野外遇见率：
罕见
◎居留型：
留鸟

识别要点

小型猛禽，雌雄相似。上体蓝灰色，具白斑；下体白色；眼先、眼周和肩部具黑斑；前额白色，到头顶逐渐变为灰色；下翼面黑色飞羽和下体白色成鲜明对比；尾较短，平尾，中间稍凹，呈浅叉状。

生境

常栖息于有乔木和灌木的开阔原野、农田、疏林等区域。

习性

喜单独活动，晨昏活动较频繁，常悬停空中寻找食物。主要以田间鼠类、昆虫、小型鸟类 、野兔等为食。

贵州分布

主要分布于威宁、荔波等地。

凤头蜂鹰

Oriental Honey Buzzard

Pernis ptilorhynchus

◎别名：蜂鹰、八角鹰、蜜鹰

◎保护级别与受胁等级：

国家二级；IUCN-LC；CHINARL-NT；CITES-附录Ⅱ

◎分类：

鹰形目ACCIPITRIFORMES

鹰科Accipitridae

蜂鹰属*Pernis*

◎体重及体长：

体重1000～1800克；

体长500～600毫米

◎野外遇见率：

偶见

◎居留型：

旅鸟

识别要点

中型猛禽。头部相对细小，头顶暗褐色至黑褐色，头侧具鳞状羽，后枕部通常具有短的黑色羽冠；翼宽大，后缘深色带明显，飞行时，翼指为6枚。体羽多变，有深色型和浅色型：深色型体羽栗褐色，浅色型体羽黄褐色或褐色。

习性

单独活动，飞行灵活，呈缓慢滑翔，边飞边鸣叫；迁徙时常集小群。主要以黄蜂等蜂类及其蜂蜜、蜂蜡和幼虫为食，也食其他昆虫，偶见取食其他小型动物。

生境

主要栖息于稀疏针叶林以及针阔混交林，尤以疏林和林缘地带较为常见，有时也到林外村庄、农田和果园等小林内活动。

贵州分布

迁徙时经过贵州大部分地区。

褐冠鹃隼

Jerdon's Baza

Aviceda jerdoni

◎别名：凤头老鹰

◎保护级别与受胁等级：

国家二级；IUCN-LC；

CHINARL-NT；

CITES-附录II

◎分类：

鹰形目ACCIPITRIFORMES

鹰科Accipitridae

鹃隼属*Aviceda*

◎体重及体长：

体重约200克；

体长460～480毫米

◎野外遇见率：

偶见

◎居留型：

留鸟

深褐色羽冠

下体具白色和红褐色横斑

识别要点

中型猛禽。头顶具黑褐色羽冠，常垂直竖起；上体为褐色；喉部为白色，具有黑色纵纹，喉中线明显；其余下体棕褐色，胸、腹部具有宽阔的白色和红褐色横斑；翅较圆短，翼指6枚；尾羽为灰褐色。

生境

主要栖息于山地森林和林缘地区。

习性

单独或成对活动，晨昏活动较频繁，飞行时较缓慢。主要以蜥蜴、蛙、昆虫等小型动物为食。

贵州分布

主要分布在荔波、桐梓等地。

黑冠鹃隼

Black Baza

Aviceda leuphotes

◎别名：凤头鹃隼

◎保护级别与受胁等级：

国家二级；IUCN-LC；

CHINARL-LC；CITES-附录II

◎分类：

鹰形目ACCIPITRIFORMES

鹰科Accipitridae

鹃隼属*Aviceda*

◎体重及体长：

体重178～217克；

体长300～330毫米

◎野外遇见率：

偶见

◎居留型：

夏候鸟

识别要点

中小型猛禽。上体呈黑褐色，羽端黑色，具金属光泽；后枕部具长形黑色冠羽；胸具白色宽纹；腹部具深栗色横纹；翼形较圆，具白斑；喙和腿均为铅色或深灰色。

习性

常单独或成对活动，晨昏活动频繁，喜开阔且干燥的林区，常停栖于突出的枯木上。主要以昆虫为食，也食蝙蝠、鼠类、蜥蜴和蛙等小型脊椎动物。

生境

主要栖息于丘陵、山地等地带的阔叶林和针阔混交林，有时也出现于疏林草坡、村庄和林缘田间。

贵州分布

主要分布于贵阳、遵义、铜仁以及黔南州的部分地区，包括云岩区、红花岗区、贵定、平塘、罗甸、都匀、三都、江口等地。

秃鹫

Cinereous Vulture
Aegypius monachus

◎别名：狗头鹫、坐山雕
◎保护级别与受胁等级：
国家一级；IUCN-NT；
CHINARL-NT；
CITES-附录Ⅱ
◎分类：
鹰形目ACCIPITRIFORMES
鹰科Accipitridae
秃鹫属*Aegypius*
◎体重及体长：
体重♂5750～8500克，
♀6000～9200克；
体长♂1100～1150毫米，
♀1080～1160毫米
◎野外遇见率：
罕见
◎居留型：
迷鸟

识别要点

大型猛禽。头颈部裸露皮肤呈铅蓝色，颈基部具褐色羽簇形成的皱翎；体羽呈黑褐色，具金属光泽；两翼长而宽，具平行的翼缘，翼指7枚；尾短，呈楔形；具暗褐色覆腿羽。

生境

常栖息于低山丘陵和高山荒原与森林中的荒岩草地、山谷溪流和林缘地带。

习性

常单独活动，喜在开阔而较裸露的山地和平原上空翱翔，偶尔也沿山地低空飞行。主要以大型动物的尸体和其他腐烂动物为食，偶尔也主动攻击中小型兽类、两栖类、爬行类和鸟类。

贵州分布

沿河、江口、雷山、荔波、百里杜鹃等地有记录。

蛇雕

Crested Serpent Eagle
Spilornis cheela

◎别名：大冠鹫、蛇鹰、白腹蛇雕、凤头捕蛇雕

◎保护级别与受胁等级：
国家二级；IUCN-LC；CHINARL-NT；CITES-附录Ⅱ

◎分类：
鹰形目ACCIPITRIFORMES
鹰科Accipitridae
蛇雕属*Spilornis*

◎体重及体长：
体重1150～1700克；
体长♂590～640毫米

◎野外遇见率：
罕见

◎居留型：
留鸟

识别要点

中型猛禽。头粗短，眼先至喙基黄色，头顶及冠羽黑白相间；上体深褐色；下体皮黄色或棕褐色，具白色小圆斑；两翼圆且宽，翼指6枚，飞羽后缘具白色横带；尾黑色，站立时尾羽常左右摆动。

生境

主要栖息于山地森林及其林缘开阔地带，以中低海拔阔叶林为主。

习性

单独或成对活动，常在高空翱翔和盘旋，停飞时多栖息于较开阔地区的枯树顶端枝杈上。食性以各种蛇类为主，也食蜥蜴、蛙、鼠类、鸟类等其他小型动物。

贵州分布

主要分布于普安、册亨、黄平、印江、桐梓、江口、绥阳、荔波等地。

鹰雕

Mountain Hawk-Eagle
Nisaetus nipalensis

◎别名：老鹰
◎保护级别与受胁等级：
国家二级；IUCN-LC；
CHINARL-NT；
CITES-附录Ⅱ
◎分类：
鹰形目ACCIPITRIFORMES
鹰科Accipitridae
鹰雕属*Nisaetus*
◎体重及体长：
体重1950～2500克；
体长643～800毫米
◎野外遇见率：
罕见
◎居留型：
留鸟

识别要点

大型猛禽。头后具黑色羽冠，常竖立于头上；喉白色，具黑色喉中线；上体呈暗褐色；上胸具纵纹，胸以下具横纹；跗跖全被羽；两翼宽阔浑圆，翼指7枚，翼下和尾下具黑色和白色交错横纹。

习性

常单独活动，飞翔时两翅平伸，扇动较慢，有时在高空盘旋，常站立在密林中干枯的乔木枝头。主要以兔类、雉类、蛇类、蜥蜴、鼬科动物和鼠类等为食，也捕食小鸟和大型昆虫，偶见捕食鱼类。

生境

常栖息于山地森林地带，喜在阔叶林和混交林中活动。

贵州分布

主要分布于茂兰、习水、赤水等地。

乌雕

Greater Spotted Eagle

Clanga clanga

◎别名：花雕、小花皂雕

◎保护级别与受胁等级：

国家一级；IUCN-VU；

CHINARL-EN；CITES-附录Ⅱ

◎分类：

鹰形目ACCIPITRIFORMES

鹰科Accipitridae

乌雕属*Clanga*

◎体重及体长：

体重♂1310～2100克，

♀1350～1900克；

体长♂610～690毫米，

♀660～731毫米

◎野外遇见率：

罕见

◎居留型：

冬候鸟

识别要点

中型猛禽。额、喉部为黑褐色；喙黑色，基部较浅淡；通体为暗褐色，下体稍淡，背部缀有紫色金属光泽；翼和尾黑褐色，飞翔时，两翅宽长且平直；跗跖被羽。

习性

常单独活动，昼行性。觅食多在林间空地、沼泽、河流和湖泊地区盘旋。主要以野兔、鼠类、野鸭、蛙、蜥蜴、鱼等小型动物为食，也吃动物尸体和昆虫。

生境

常栖息于低山丘陵和开阔的落叶阔叶林，也见于河流、湖泊和沼泽地带的疏林地带。

贵州分布

记录于威宁。

草原雕

Steppe Eagle

Aquila nipalensis

◎别名：草雕、角鹰

◎保护级别与受胁等级：

国家一级；IUCN-EN；

CHINARL-VU；

CITES-附录Ⅱ

◎分类：

鹰形目ACCIPITRIFORMES

鹰科Accipitridae

雕属*Aquila*

◎体重及体长：

体重♂2015～2650克，

♀2150～2900克；

体长♂707～758毫米，

♀705～818毫米

◎野外遇见率：

罕见

◎居留型：

冬候鸟

识别要点

大型猛禽，雌雄相似，雌鸟体形较大。喙黑褐色；通体棕褐色，下体较暗，胸、上腹及两胁杂以棕色纵纹；翼深褐色；尾上覆羽棕白色；尾黑褐色，具不明显的淡色横斑和淡色端斑。

生境

主要栖息于中低海拔的丘陵地带，喜开阔的荒原或湖泊生境。

习性

常单独活动，昼行性，喜在地面、树枝或电线杆上停歇。主要以鼠类和鸟类等小型脊椎动物和昆虫为食，有时也吃动物尸体和腐肉。

贵州分布

主要分布于威宁。

白肩雕

Imperial Eagle

Aquila heliaca

◎别名：御雕

◎保护级别与受胁等级：

国家一级；IUCN-VU；

CHINARL-EN；CITES-附录 I

◎分类：

鹰形目ACCIPITRIFORMES

鹰科Accipitridae

雕属*Aquila*

◎体重及体长：

体重♂约1125克，

♀2900～4000克；

体长♂730～830毫米，

♀787～835毫米

◎野外遇见率：

罕见

◎居留型：

冬候鸟

识别要点

大型猛禽。体羽黑褐色，具紫色金属光泽；肩部有明显的白斑；滑翔时，两翅平直不上举成“V”字形；尾羽灰褐色，具不规则黑褐色横斑，并具宽阔的黑色端斑；飞翔时，尾羽收紧，不散开。

习性

常单独活动，昼行性。主要以啮齿类、兔类、雉类、水禽等中小型哺乳动物和鸟类为食，也吃爬行类和动物尸体。

生境

主要栖息于山地森林地带的针阔混交林和阔叶林，冬季也常到低山丘陵、森林平原、小块丛林和林缘地带。

贵州分布

记录于威宁。

金雕

Golden Eagle

Aquila chrysaetos

◎别名：鹫雕、黑翅雕、老雕

◎保护级别与受胁等级：

国家一级；IUCN-LC；
CHINARL-VU；
CITES-附录Ⅱ

◎分类：

鹰形目ACCIPITRIFORMES
鹰科Accipitridae
雕属*Aquila*

◎体重及体长：

体重♂2000～5900克，
♀3260～5500克；
体长♂785～912毫米，
♀825～1015毫米

◎野外遇见率：

罕见

◎居留型：

留鸟

识别要点

大型猛禽。体羽暗褐色，具有紫色金属光泽；头后部至后颈羽毛端尖长，呈柳叶状，羽端金黄色；翼黑褐色，内侧飞羽灰白，具不规则横斑；尾较长而圆，具不规则的灰褐色横斑和一宽阔的黑褐色端斑。

生境

主要栖息于开阔草原和森林地带，冬季常活动于低山丘陵和开阔水域。

习性

常单独活动，昼行性，活动于人迹罕至的地带，极难接近。主要捕食中型鸟类如雉类、水禽等，有时也吃死尸。

贵州分布

主要分布于遵义、赤水、黎平、威宁、贵定、兴义等地。

白腹隼雕

Bonelli's Eagle

Aquila fasciata

◎别名：白腹山雕

◎保护级别与受胁等级：

国家二级；IUCN-LC；

CHINARL-VU；CITES-附录Ⅱ

◎分类：

鹰形目ACCIPITRIFORMES

鹰科Accipitridae

雕属*Aquila*

◎体重及体长：

体重♂1500～2100克，

♀1936～2525克；

体长♂约720毫米，

♀678～730毫米

◎野外遇见率：

罕见

◎居留型：

留鸟

识别要点

大型猛禽。上体暗褐色，头顶和后颈部为棕褐色；下体喉至腹白色，具黑色纵斑；黑色翼指6枚，飞翔时，翼下覆羽黑色，飞羽下面白色，具有云状暗色横斑；尾细长，灰色，末端黑色。

习性

常单独活动，领域性较强，性凶猛，不甚怕人。飞翔时，两翅不断扇动，多在低空鼓翼飞翔，很少在高空翱翔和滑翔。主要以鼠类、水鸟、雉类等中小型鸟类为食，也吃野兔、爬行类和大型昆虫。

生境

主要栖息于中高海拔的丘陵和山地森林中的悬崖和河谷岩石上，尤其是富有灌丛的荒山悬崖和有稀疏树木生长的河谷悬崖地带。

贵州分布

主要分布于册亨、望谟、紫云、西秀区等地。

凤头鹰

Crested Goshawk

Accipiter trivirgatus

◎别名：凤头苍鹰、粉鸟鹰、凤头雀鹰

◎保护级别与受胁等级：

国家二级；IUCN-LC；

CHINARL-NT；

CITES-附录Ⅱ

◎分类：

鹰形目ACCIPITRIFORMES

鹰科Accipitridae

鹰属*Accipiter*

◎体重及体长：

体重360～530克；

体长400～490毫米

◎野外遇见率：

偶见

◎居留型：

留鸟

识别要点

中型猛禽。前额至后颈为灰色，具有显著的黑色短羽冠；喙角黄色，喙峰和喙尖为黑色；喉部白色，具有黑色中央纹；腹部及大腿白色具近黑色粗横斑；翅形宽大，翼指6枚；尾下覆羽白色而蓬松。

生境

主要栖息于低海拔丘陵地带，可适应山地森林和林缘、竹林和小面积丛林，以及山麓平原和村屯附近地带。

习性

多单独活动，机警而善隐藏，繁殖期领域性强，有双翼下压快速抖翅的特殊行为。主要以鸟类、鼠类、蛙、蜥蜴、昆虫等动物性食物为食。

贵州分布

贵州大部分区域均有分布。

褐耳鹰

Shikra

Accipiter badius

◎别名：褐耳苍鹰、棕耳苍鹰、褐耳雀鹰

◎保护级别与受胁等级：

国家二级；IUCN-LC；CHINARL-NT；CITES-附录Ⅱ

◎分类：

鹰形目ACCIPITRIFORMES

鹰科Accipitridae

鹰属*Accipiter*

◎体重及体长：

体重220～330克；

体长310～440毫米

◎野外遇见率：

罕见

◎居留型：

留鸟

识别要点

小型猛禽。喙尖黑色；翼指5枚，飞行时，下体的淡红褐色与喉部白色以及翼尖的黑色对比非常醒目。雄鸟上体淡蓝灰色，喉白色并具有浅灰色纵纹，胸及腹部具棕色和白色细横纹。雌鸟与雄鸟相似，但背为褐色，喉灰色更浓。

习性

常栖于树木高枝上，发现猎物时迅速俯冲而下抓取。主要以小型鸟类、蜥蜴、鼠类、大型昆虫等为食。

生境

栖息于山地森林以及稀疏树木的农田、草地等开阔地带。

贵州分布

主要分布于荔波、惠水、龙里、雷山、台江、剑河、榕江等地。

赤腹鹰

Chinese Sparrowhawk
Accipiter soloensis

◎别名：鸽子鹰、鹅鹰

◎保护级别与受胁等级：
国家二级；IUCN-LC；
CHINARL-LC；
CITES-附录Ⅱ

◎分类：
鹰形目ACCIPITRIFORMES
鹰科Accipitridae
鹰属*Accipiter*

◎体重及体长：
体重♂108～132克，
♀110～120克；
体长♂265～284毫米，
♀298～360毫米

◎野外遇见率：
偶见

◎居留型：
夏候鸟

识别要点

小型猛禽。雄鸟翅膀尖而长，翼指4枚，飞翔时，黑色翼尖与白色翼下覆羽形成对比。雌鸟似雄鸟，但体形稍大，体色稍深，腹部浅橙褐色，具有较多的灰色横斑。雄鸟虹膜暗棕色，雌鸟则具有鲜艳的柠檬黄色虹膜。

生境

栖息于山地森林和林缘地带，也见于农田地缘和村庄附近。

习性

常单独或成小群活动，性机警而善隐藏，休息时，多停息在树木顶端或电线杆上，领域性强。主要以蛙、蜥蜴等动物性食物为食，也捕食小型鸟类、鼠类和昆虫。

贵州分布

主要分布于荔波、惠水、龙里、平塘、榕江、从江、思南、印江、江口等地。

日本松雀鹰

Japanese Sparrowhawk

Accipiter gularis

◎别名：无

◎保护级别与受胁等级：

国家二级；IUCN-LC；

CHINARL-LC；CITES-附录Ⅱ

◎分类：

鹰形目ACCIPITRIFORMES

鹰科Accipitridae

鹰属*Accipiter*

◎体重及体长：

体重♂75～110克，

♀120～173克；

体长♂250～284毫米，

♀292～338毫米

◎野外遇见率：

罕见

◎居留型：

冬候鸟

喉乳白色

上体深灰色

尾具3道黑横斑和1道端斑

♂

识别要点

小型猛禽，雌雄异色。雄鸟上体深灰色，胸浅棕色；雌鸟上体褐色，下体少棕色但具有浓密的褐色横斑，喉部具黑灰色中央纹。尾部具有3道黑色横斑和1道宽的黑色端斑；翼形窄，翼长中等，翼指5枚。

生境

栖息于低海拔山地针叶林和混交林中，也出现在林缘和疏林等开阔地带。

习性

多单独活动，凶猛活泼，常见栖于林缘高大树木的枝顶。主要以小型雀类为食。

贵州分布

主要分布于威宁、贵定、江口等地。

松雀鹰

Besra

Accipiter virgatus

◎别名：松子鹰、摆胸、雀贼、雀鹰、雀鹞

◎保护级别与受胁等级：

国家二级；IUCN-LC；CHINARL-LC；CITES-附录Ⅱ

◎分类：

鹰形目ACCIPITRIFORMES

鹰科Accipitridae

鹰属*Accipiter*

◎体重及体长：

体重♂188～192克，♀160～190克；

体长♂283～315毫米，♀约375毫米

◎野外遇见率：

偶见

◎居留型：

留鸟

识别要点

小型猛禽，雌雄异色。雄鸟上体灰色，喉白色并有黑色喉中线，有黑色髭纹；下体具褐色或赤棕色横斑；尾具有4条暗色横斑。雌鸟个体较大，上体暗褐色；下体白色，具有红褐色横斑。

习性

常单独或成对活动，生性机警，飞行迅速，善于滑翔，常在林缘和丛林边较空旷处觅食和活动。以各种中小型鸟类为食，也捕食蜥蜴、蝗虫、蚱蜢、甲虫及其他昆虫和小型鼠类。

生境

栖息于茂密的针叶林和常绿阔叶林以及开阔的疏林地带。

贵州分布

贵州大部分区域均有分布。

雀鹰

Eurasian Sparrowhawk

Accipiter nisus

◎别名：无

◎保护级别与受胁等级：

国家二级；IUCN-LC；

CHINARL-LC；CITES-附录Ⅱ

◎分类：

鹰形目ACCIPITRIFORMES

鹰科Accipitridae

鹰属*Accipiter*

◎体重及体长：

体重♂130～170克，

♀193～300克；

体长♂310～350毫米，

♀360～410毫米

◎野外遇见率：

偶见

◎居留型：

冬候鸟

识别要点

小型猛禽，雌雄异色。喉具褐色细纵纹，下体白色或淡灰白色；尾具4～5道黑褐色横斑；翼下飞羽具数道黑褐色横带。雄鸟体形稍小，上体暗灰色，下体具细密的红褐色横斑；雌鸟灰褐色，头后杂有少许白色，下体具褐色横斑。

习性

喜单独活动，领域性较强。常在林间观察四周，伺机捕猎。主要以雀形目小鸟、昆虫和鼠类为食。

生境

栖息于混交林、阔叶林、针叶林等山地森林或林缘。

贵州分布

贵州大部分区域均有分布。

苍鹰

Northern Goshawk
Accipiter gentilis

◎别名：无

◎保护级别与受胁等级：

国家二级；IUCN-LC；
CHINARL-NT；
CITES-附录Ⅱ

◎分类：

鹰形目ACCIPITRIFORMES
鹰科Accipitridae
鹰属*Accipiter*

◎体重及体长：

体重♂500～800克，
♀650～1100克；
体长♂467～576毫米，
♀539～600毫米

◎野外遇见率：

偶见

◎居留型：

冬候鸟

识别要点

中型猛禽。头侧具白色的宽眉纹；颏、喉和前颈具黑褐色细纵纹；上体青灰色；下体污白色；胸、腹部满布暗灰褐色纤细的横斑；尾略长，呈方形，有4～5条黑色横带。

生境

栖息于林地或林缘，也见于山麓和丘陵地带的疏林地和小块林内，有时也在城市公园、旷野附近活动。

习性

常单独活动，性凶猛，领域性较强。主要以鼠类、野兔、雉类和其他中小型鸟类为食。

贵州分布

主要分布于独山、兴仁、岑巩、江口、威宁等地。

白头鹞

Western Marsh-harrier

Circus aeruginosus

◎别名：无

◎保护级别与受胁等级：

国家二级；IUCN-LC；

CHINARL-NT；CITES-附录Ⅱ

◎分类：

鹰形目ACCIPITRIFORMES

鹰科Accipitridae

鹞属*Circus*

◎体重及体长：

体重♂530～660克，

♀620～740克；

体长♂490～543毫米，

♀521～600毫米

◎野外遇见率：

罕见

◎居留型：

冬候鸟

识别要点

中型猛禽，雌雄异色。雄鸟上体为暗栗色，前额、头顶至后颈为黄白色，翅和尾灰色。雌鸟体羽呈深褐色，头顶至后颈为淡黄色，翅和尾暗褐色。翅膀上举，呈深“V”形；翼下初级飞羽呈白色块斑，有少深色杂斑。

习性

常单独或成对活动，多在水边芦苇荡、沼泽上的低空滑翔寻找猎物。主要以小型鸟类、鼠类、兔类等为食。

生境

栖息于低海拔地带，也见于湖泊、沼泽、河谷以及低山、林间沼泽和农田等开阔地区。

贵州分布

记录于威宁、六枝等地。

白腹鹞

Eastern Marsh-harrier

Circus spilonotus

◎别名：泽鹞

◎保护级别与受胁等级：

国家二级；IUCN-LC；

CHINARL-NT；

CITES-附录Ⅱ

◎分类：

鹰形目ACCIPITRIFORMES

鹰科Accipitridae

鹞属*Circus*

◎体重及体长：

体重♂490～610克，

♀642～780克；

体长♂502～540毫米，

♀550～594毫米

◎野外遇见率：

罕见

◎居留型：

冬候鸟

识别要点

中型猛禽，雌雄异色。雄鸟头顶至上背白色，具宽阔黑褐色纵纹；上体黑灰色，具白斑；下体污白色，喉及胸布满黑褐色纵纹。雌鸟体羽深褐色；腹部棕黄色，具暗棕褐色轴纹；尾具横斑。

习性

常单独或成对活动，性机警。主要取食小型鸟类、啮齿类、两栖类和大型昆虫等。

生境

栖息于多草沼泽、江河、湖泊等开阔地带。

贵州分布

记录于威宁。

白尾鹞

Hen Harrier

Circus cyaneus

◎别名：灰泽鹞、灰鹰、白抓、灰鹞、鸡鸟

◎保护级别与受胁等级：

国家二级；IUCN-LC；CHINARL-NT；CITES-附录Ⅱ

◎分类：

鹰形目ACCIPITRIFORMES

鹰科Accipitridae

鹞属*Circus*

◎体重及体长：

体重♂310～600克，♀320～530克；

体长♂450～490毫米，♀447～530毫米

◎野外遇见率：

罕见

◎居留型：

冬候鸟

识别要点

中型猛禽，雌雄异色。雄鸟上体蓝灰色，翼尖黑色，尾上覆羽白色，腹、两胁和翅下覆羽白色，翼指5枚。雌鸟上体暗褐色，尾上覆羽白色；下体皮黄白色或棕黄褐色，杂以粗的红褐色或暗棕褐色纵纹。

习性

常单独或成对活动，性机警。主要以小型鸟类、鼠类、蛙类、蜥蜴和大型昆虫等动物性食物为食。

生境

栖息于平原和低山丘陵地带，尤其喜湖泊、沼泽以及低山、林间沼泽和草地、农田等开阔地区。

贵州分布

主要分布于荔波、都匀、龙里、罗甸、剑河、台江、印江、务川、正安、赤水、威宁、雷山等地。

鹊鹞

Pied Harrier

Circus melanoleucos

◎别名：喜鹊鹞、喜鹊鹰、黑白尾鹞、花泽鵟

◎保护级别与受胁等级：

国家二级；IUCN-LC；CHINARL-NT；CITES-附录Ⅱ

◎分类：

鹰形目ACCIPITRIFORMES

鹰科Accipitridae

鹞属*Circus*

◎体重及体长：

体重♂250～340克，♀310～380克；

体长♂420～480 毫米，♀430～475毫米

◎野外遇见率：

罕见

◎居留型：

冬候鸟

识别要点

中小型猛禽，雌雄异色。雄鸟头、喉及胸部黑色；翅上具灰白色斑；肩、腰和尾均为银灰色；下体纯白。雌鸟较雄鸟稍大，上体灰褐色并具纵纹，下体皮黄具棕色纵纹，飞羽下面具有近黑色横斑，尾灰色而具黑褐色横斑。

生境

栖息于开阔的低山丘陵、河谷、沼泽、林缘灌丛和沼泽草地等。

习性

常单独活动，多在开阔原野、沼泽地带、芦苇地及稻田的上空低空滑翔。主要以小型鸟类、鼠类、蛙类、蜥蜴、蛇类、昆虫等小型动物为食。

贵州分布

主要分布于印江、威宁、大方、兴义、安龙等地。

黑鸢

Black Kite

Milvus migrans

◎别名：老鹰、鸢

◎保护级别与受胁等级：

国家二级；IUCN-LC；

CHINARL-LC；CITES-附录Ⅱ

◎分类：

鹰形目ACCIPITRIFORMES

鹰科Accipitridae

鸢属*Milvus*

◎体重及体长：

体重♂1015～1150克，

♀900～1160克；

体长♂540～660毫米，

♀585～690毫米

◎野外遇见率：

偶见

◎居留型：

留鸟

识别要点

通体暗褐色，具有黑褐色羽干纹；胸、腹及两胁具粗著的黑褐色羽干纹；尾下覆羽灰褐色，尾具宽度相等的黑色、褐色相间横斑，呈鱼尾状；翅上覆羽棕褐色，飞翔时翼下具大白斑。

习性

常单独在高空飞翔，并呈圈状盘旋翱翔，昼行性。主要以小型鸟类、鼠类、蛇类、蛙类、鱼类、野兔、蜥蜴和昆虫等动物性食物为食，偶尔也吃家禽和腐尸。

生境

栖息于开阔平原、草地和低山丘陵地带，也常见于开阔的城镇、乡村及湿地附近。

贵州分布

贵州大部分区域均有分布。

白尾海雕

White-tailed Eagle

Haliaeetus albicilla

◎别名：白尾雕、黄嘴雕、芝麻雕

◎保护级别与受胁等级：

国家一级；IUCN-LC；CHINARL-VU；CITES-附录Ⅰ

◎分类：

鹰形目ACCIPITRIFORMES

鹰科Accipitridae

海雕属*Haliaeetus*

◎体重及体长：

体重♂2800～3780克，♀3750～4600克；

体长♂840～850毫米，♀860～910毫米

◎野外遇见率：

罕见

◎居留型：

冬候鸟

后颈具披针形羽毛

尾白色，楔形

识别要点

大型猛禽。体羽多为暗褐色，具不规则锈色或白色点斑；后颈和胸部的羽毛较长，披针形；尾部为纯白色，呈楔形；虹膜、喙、脚和趾为黄色，爪黑色。不同年龄的亚成体，羽色在深浅上和斑纹的数量上有所不同。

习性

昼行性，单独或成对在大的湖面上空飞翔，冬季偶见3～5只在高空翱翔。常停栖在岩石、地面或乔木枝头。主要以鱼类为食，也捕食中小型鸟类及哺乳动物，有时也吃腐肉和动物尸体，偶见攻击家禽、家畜。

生境

栖息于湖泊、河流及河口地区，繁殖期间尤其喜欢在有高大树木的水域或森林地区的开阔湖泊与河流地带。

贵州分布

记录于威宁。

大鵟

Upland Buzzard

Buteo hemilasius

◎别名：豪豹、白鹭豹

◎保护级别与受胁等级：

国家二级；IUCN-LC；

CHINARL-VU；CITES-附录II

◎分类：

鹰形目ACCIPITRIFORMES

鹰科Accipitridae

鵟属*Buteo*

◎体重及体长：

体重♂1320～1800克，

♀1950～2100克；

体长♂582～622 毫米，

♀569～676毫米

◎野外遇见率：

偶见

◎居留型：

冬候鸟

识别要点

有淡色型、暗色型和中间型3种色型。淡色型较为常见，通常头顶至后颈为白色；上体灰褐色，具灰白色羽缘；尾具黑棕色横带；下体白色，上腹和两胁具宽阔而显著的淡棕褐色纵纹。暗色型全身除外侧几枚初级飞羽和尾羽外，均为暗褐色，羽干黑褐色，尾羽灰褐色，具8条深褐色横斑及宽的亚端斑和白色端斑。中间型体羽主要为暗棕褐色。

生境

栖息于山地森林等区域，也见于高山林缘和开阔的山地草原地带。

习性

常单独或成对在空中盘旋或悬停觅食，休息时，常站在树上、草垛、电线杆上。主要以两栖类、中小型哺乳动物、雉类以及昆虫等为食。

贵州分布

记录于威宁。

灰脸鵟鹰

Grey-faced Buzzard

Butastur indicus

◎别名：灰脸鹰、灰面鹞、
灰面鵟鹰、灰面鹫

◎保护级别与受胁等级：
国家二级；IUCN-LC；
CHINARL-NT；
CITES-附录Ⅱ

◎分类：
鹰形目ACCIPITRIFORMES
鹰科Accipitridae
鵟鹰属*Butastur*

◎体重及体长：
体重♂375～447克，
♀420～500克；
体长♂390～460毫米，
♀430～446毫米

◎野外遇见率：
罕见

◎居留型：
冬候鸟或旅鸟

颏、喉白色

腹部具棕褐色横斑

尾具3条黑褐色横带

识别要点

头侧近黑，颏及喉白色；上体褐色；胸褐色而具黑色细纹；腹、两胁和覆腿羽白色，满布棕褐色横斑；翼下覆羽和腋羽白色，具稀疏的棕褐色横斑；尾羽灰褐色，尾上覆羽白色具3条明显的黑褐色横带。

生境

栖息于山区森林地带，见于山地林边或空旷田野。

习性

性情胆大，动作敏捷。白天在森林的上空盘旋，有时也栖止于沼泽地旁的大树顶端和枯树枝上，或在地面上活动。主要以小型蛇类、蛙、蜥蜴、鼠类、野兔和小鸟等动物性食物为食，有时也吃大型昆虫和动物尸体。

贵州分布

主要分布于黄平、江口、荔波、贵定、印江、习水等地。

普通鵟

Japanese Buzzard

Buteo japonicus

◎别名：日本鵟、东亚鵟

◎保护级别与受胁等级：

国家二级；IUCN-LC；

CHINARL-LC；CITES-附录Ⅱ

◎分类：

鹰形目ACCIPITRIFORMES

鹰科Accipitridae

鵟属*Buteo*

◎体重及体长：

体重♂575～950克，

♀750～1073克；

体长♂500～590毫米，

♀482～560毫米

◎野外遇见率：

偶见

◎居留型：

冬候鸟

鼻孔与嘴裂平行

上体为深红褐色

下体具棕色纵纹

识别要点

上体为深红褐色；下体偏白，具棕色纵纹；两胁及大腿沾棕色；鼻孔与嘴裂平行；翱翔时，两翅微向上举成浅“V”形。有淡色型、棕色型、暗色型之分。其中，淡色型上体多呈灰褐色，羽缘白色；暗色型全身黑褐色，羽缘灰褐，尾羽棕褐色；棕色型上体羽端淡褐色或白色，腹部乳黄色，有淡褐色细斑。

生境

栖息于山地森林和林缘地带。

习性

常单独活动，有时也见2～4只在天空盘旋。生性机警，视觉敏锐。主要以昆虫、小型鸟类、小型哺乳动物等为食。

贵州分布

贵州大部分区域均有分布。

领角鸮

Collared Scops-owl

Otus lettia

◎别名：灰脸鹰、灰面鹞、灰面鵟鹰、灰面鵟

◎保护级别与受胁等级：

国家二级；IUCN-LC；CHINARL-LC；CITES-附录II

◎分类：

鸮形目STRIGIFORMES

鸱鸮科Strigidae

角鸮属*Otus*

◎体重及体长：

体重♂110～192克，♀135～205克；

体长♂190～245毫米，♀245～279毫米

◎野外遇见率：

偶见

◎居留型：

留鸟

识别要点

小型鸮类。脸盘边缘深褐色，具棕褐色耳羽；上体及两翼大多灰褐色；体羽蓬松，多具黑褐色羽干纹以及虫蠹状细斑，并散有棕白色眼斑；尾羽黑褐色，具淡棕色横斑；下体灰白色，具黑色纵纹。

习性

夜行性，白天躲藏于树冠浓密枝叶间或阴暗的地方，黄昏至黎明段活跃、捕食。主要以鼠类、鞘翅目甲虫、小型鸟类等为食。

生境

栖息于山地开阔的阔叶林和混交林，也出现于山麓林缘和村寨附近树林内。

贵州分布

贵州大部分区域均有分布。

红角鸮

Oriental Scops-owl

Otus sunia

◎别名：夜猫子

◎保护级别与受胁等级：

国家二级；IUCN-LC；

CHINARL-LC；

CITES-附录II

◎分类：

鸮形目STRIGIFORMES

鸱鸮科Strigidae

角鸮属*Otus*

◎体重及体长：

体重♂115～132克，

♀119～146克；

体长约200毫米

◎野外遇见率：

偶见

◎居留型：

留鸟

识别要点

小型鸮类。虹膜橙黄色，具明显耳羽簇。灰色型面盘灰褐色，眼先棕白色，具淡棕色项圈；上体灰褐色，布满黑褐色虫蠹状细纹；尾上具淡棕色横斑；下体棕灰色掺以白色点斑，密布黑色横斑；胸与两侧具有粗而显著的黑褐色羽干纹。棕色型全身呈棕褐色。

习性

夜行性，白天多藏身于树上浓密的枝叶丛间静立不动，夜晚在林缘与林中空地进行捕食、鸣叫。主要以鞘翅目昆虫与鼠类等小型脊椎动物为食。

生境

栖息于低地阔叶林区，包括城区的公园、林地，也出现于山麓林缘和村寨附近树林内。

贵州分布

主要分布于荔波、桐梓、务川、威宁、西秀区等地。

雕鸮

Eurasian Eagle-owl
Bubo bubo

◎别名：大猫头鹰、猫头鹰、大猫王、恨狐、老兔

◎保护级别与受胁等级：
国家二级；IUCN-LC；
CHINARL-NT；
CITES-附录Ⅱ

◎分类：
鸮形目STRIGIFORMES
鸱鸮科Strigidae
雕鸮属*Bubo*

◎体重及体长：
体重♂1410～3959克，♀1025～2200克；
体长♂555～732毫米，♀650～890毫米

◎野外遇见率：
罕见

◎居留型：
留鸟

识别要点

大型鸮类。头顶黑褐色，有深色纵纹，杂以黑色波状细斑；具显著耳羽簇；虹膜橙红色；胸黄色，具粗著的深褐色羽干纹；腹部纵纹转弱，密布细横纹；覆腿羽和尾下覆羽微杂褐色细横斑。

习性

夜行性，听力发达，白天常在树上、崖壁、枯草丛中休息。常立于高处等待猎物，主要以鼠类、兔类等小型哺乳动物为食。

生境

栖息于山地森林、林缘灌丛、疏林以及裸露的高山和峭壁等各类生境中。

贵州分布

主要分布于水城、都匀、荔波、兴仁、威宁、思南、剑河、雷山、贵阳等地。

黄腿渔鸮

Tawny Fish-owl

Ketupa flavipes

◎别名：黄脚鸮、毛脚鱼鸮、黄脚鱼鸮

◎保护级别与受胁等级：

国家二级；IUCN-LC；CHINARL-EN；CITES-附录Ⅱ

◎分类：

鸮形目STRIGIFORMES

鸱鸮科Strigidae

渔鸮属*Ketupa*

◎体重及体长：

体重约2065克；

体长约627毫米

◎野外遇见率：

罕见

◎居留型：

留鸟

识别要点

大型鸮类。头、颈和耳羽簇橙棕色；眼先白色，虹膜黄色；喉部具白斑；上体橙棕色，具宽阔的黑褐色羽干纹；两翼黑褐色，有橙棕色横斑，横斑上有淡褐色虫蠹状纹；尾黑褐色，具“V”形橙棕色斑和羽端斑。

生境

栖息于山间溪流、河谷等水域附近的阔叶林和林缘次生林中，多栖于河边乔木上。

习性

半夜行性，伫立于水边大树上或大石头上守候猎物。主要以鱼类、蟹、蛙等动物为食，也兼食鼠类、昆虫、蛇、蜥蜴和小型鸟类。

贵州分布

主要分布于施秉、印江、赤水、江口、金沙、道真等地。

褐林鸮

Brown Wood-owl

Strix leptogrammica

◎别名：猫头鹰、山崖

◎保护级别与受胁等级：

国家二级；IUCN-LC；
CHINARL-NT；
CITES-附录Ⅱ

◎分类：

鸮形目STRIGIFORMES
鸱鸮科Strigidae
林鸮属*Strix*

◎体重及体长：

体重♂750～818克，
♀710～1000克；
体长♂460～503毫米，
♀500～530毫米

◎野外遇见率：

罕见

◎居留型：

留鸟

识别要点

中型鸮类。头顶褐色，面盘棕褐色，眼周黑褐色，具"V"形白色眉纹；上体棕色，杂以淡色细横斑；腰和尾上覆羽具棕黄色横斑；黑褐色上喉和下喉白色斑纹形成鲜明对比；下体淡棕色，密布褐色横斑。

生境

栖息于低山地区的山地森林，常见于河岸与沟谷的森林。

习性

夜行性，常单独或成对活动，性凶猛。白昼多蹲伏在树冠顶部，多在傍晚或夜间飞翔觅食，主要以鼠类、昆虫为食。

贵州分布

主要分布于兴义、望谟、罗甸等地。

灰林鸮

Tawny Owl

Strix aluco

◎别名：木鸮、森鸮

◎保护级别与受胁等级：

国家二级；IUCN-LC；

CHINARL NT；CITES-附录II

◎分类：

鸮形目STRIGIFORMES

鸱鸮科Strigidae

林鸮属*Strix*

◎体重及体长：

体重♂322～485克，

♀416～909克；

体长♂370～486毫米，

♀386～400毫米

◎野外遇见率：

偶见

◎居留型：

留鸟

识别要点

中型鸮类。头顶至后颈黑色；面盘橙棕色，杂以暗褐色、棕色和白色；眼先、眼上方灰白色；上体暗褐色，有黑褐色虫蠹状细斑；下体呈棕色或白色；尾羽黑褐色，具棕色或灰褐色的横斑。

习性

夜行性，常单独或成对活动。白天潜伏在阔叶林或针阔混交林中站立不动；黄昏和晚上出来活动和觅食，喜鸣叫。主要以小型啮齿动物为食，也会捕食小型鸟类、兔类、蛙类等。

生境

栖息于山地阔叶林和混交林中，尤喜河岸和沟谷森林地带。

贵州分布

贵州大部分地区均有分布。

领鸺鹠

Collared Owlet

Glaucidium brodiei

◎别名：小鸺鹠

◎保护级别与受胁等级：

国家二级；IUCN-LC；

CHINARL-LC；

CITES-附录Ⅱ

◎分类：

鸮形目STRIGIFORMES

鸱鸮科Strigidae

鸺鹠属*Glaucidium*

◎体重及体长：

体重♂40～52克，

♀53～64克；

体长♂132～175毫米，

♀145～164毫米

◎野外遇见率：

偶见

◎居留型：

留鸟

识别要点

小型鸮类。脸盘不显著；头顶具白色和皮黄色眼状斑；脑后具有一对黑色“假眼”；上体棕褐色，具棕栗色横斑；喉部密布褐色横纹；胸侧与背同色，腹部至尾下覆羽白色，具宽阔的棕褐色纵纹和横斑。

生境

栖息于中高海拔的山地森林和林缘灌丛地带。

习性

除繁殖期外均见单独活动，白天可见其活动，黄昏较为频繁，夜间喜鸣叫，常栖于树上。主要以昆虫和鼠类为食，也取食小型鸟类和其他小型动物。

贵州分布

贵州大部分区域均有分布。

斑头鸺鹠

Asian Barred Owlet

Glaucidium cuculoides

◎别名：流离、猫王鸟、训狐、小猫头鹰

◎保护级别与受胁等级：

国家二级，IUCN-LC；CHINARL-LC；CITES-附录II

◎分类：

鸮形目STRIGIFORMES

鸱鸮科Strigidae

鸺鹠属*Glaucidium*

◎体重及体长：

体重♂150～210克，♀153～260克；

体长♂250～260毫米，♀241～260毫米

◎野外遇见率：

常见

◎居留型：

留鸟

识别要点

小型鸮类。上体、头、颈及两翼暗褐色，头顶多白色横斑，脑后无“假眼”；眉纹、颏、颚纹、喉部的块斑以及下腹中央纯白；下腹部具有褐色纵纹，不具杂横斑。

习性

常单独或成对活动，夜行性，但也在白天活动和觅食。主要以昆虫为食，也捕食蜥蜴、鼠类、蛙和小型鸟类等小型动物。

生境

栖息于阔叶林、混交林、次生林和林缘灌丛，常见于村寨附近的树上。

贵州分布

主要分布于赤水、绥阳、江口、龙里、贵定、平塘、惠水、兴仁、榕江等地。

鹰鸮

Brown Hawk Owl

Ninox scutulata

◎别名：褐鹰鸮、鸟猫王、青叶鸺、夜猫子

◎保护级别与受胁等级：

国家二级；IUCN-LC；
CHINARL-NT；
CITES-附录Ⅱ

◎分类：

鸮形目STRIGIFORMES
鸱鸮科Strigidae
鹰鸮属*Ninox*

◎体重及体长：

体重♂212～220克，
♀约230克；
体长♂290～313毫米，
♀280～313毫米

◎野外遇见率：

罕见

◎居留型：

留鸟

识别要点

中型鸮类，外形似鹰。喉及前额浅灰白色，颏及喙基部有白色点斑；上体暗棕褐色，尾羽具黑色横斑；胸具棕褐色纵纹；腹具宽阔的红褐色斑块，并形成不完整的横斑。

生境

栖息于针阔混交林和阔叶林中，也见于有高大树木的农田及灌丛地区。

习性

常单独活动。夜行性，白天多藏于林中休息。主要以鼠类、小鸟和昆虫等为食。

贵州分布

主要分布于江口、松桃、印江等地。

长耳鸮

Long-eared Owl

Asio otus

◎别名：彪木兔、猫头鹰、夜猫子、有耳麦猫王、长耳猫头鹰

◎保护级别与受胁等级：

国家二级；IUCN-LC；CHINARL-LC；CITES-附录Ⅱ

◎分类：

鸮形目STRIGIFORMES

鸱鸮科Strigidae

耳鸮属*Asio*

◎体重及体长：

体重♂208～305克，♀215～326克；

体长♂330～390毫米，♀327～393毫米

◎野外遇见率：

罕见

◎居留型：

旅鸟

识别要点

中型鸮类。面盘中部白而缀黑，形成“X”形白斑；黑褐色耳羽较长；上体棕黄色，各羽具黑褐色羽干纹；胸、上腹及两胁杂以黑褐色干纹；飞羽黑褐色或灰褐色，尾羽基部棕褐色。

生境

栖息于针阔混交林、针叶林和阔叶林。

习性

黄昏时出动觅食，白天隐伏于高树上。以小型鸟类、蝙蝠、昆虫、鱼、蛙等为食。

贵州分布

主要记录于汇川、荔波、贵定、江口等地。

短耳鸮

Short-eared Owl

Asio flammeus

◎别名：夜猫子、猫头鹰、田猫王、短耳猫头鹰、小耳木兔

◎保护级别与受胁等级：
国家二级；IUCN-LC；
CHINARL-NT；
CITES-附录Ⅱ

◎分类：
鸮形目STRIGIFORMES
鸱鸮科Strigidae
耳鸮属*Asio*

◎体重及体长：
体重♂251～366克，
♀326～450克；
体长♂344～393毫米，
♀345～398毫米

◎野外遇见率：
罕见

◎居留型：
冬候鸟

耳簇短

眼周黑环斑

下体具褐色纵斑

识别要点

中型鸮类。眼周黑环斑在眼外侧宽阔显著；两簇耳羽甚短小，略显露；通体棕黄色，其间杂以褐斑；上体具有黑褐色纵斑，下体具深褐色纵纹；覆腿羽淡黄色。

生境

栖息于低山丘陵、沼泽、湖岸和草地等各类生境中。

习性

常单独活动，以晨昏活动为主，白天多藏匿于草丛中，尤喜在黄昏和夜晚捕食。以鼠类、鸟类以及昆虫等为食。

贵州分布

主要分布于荔波、湄潭、正安、务川、凤岗、威宁、绥阳、乌当等地。

草鸮

Eastern Grass Owl

Tyto longimembris

◎别名：猴面鸮、猴面鹰、猫头鹰

◎保护级别与受胁等级：
国家二级；IUCN-LC；
CHINARL-NT；CITES-附录II

◎分类：
鸮形目STRIGIFORMES
草鸮科Tytonidae
草鸮属*Tyto*

◎体重及体长：
体重♂约390克，
♀约400克；
体长♂350～440毫米，
♀约390毫

◎野外遇见率：
罕见

◎居留型：
留鸟

识别要点

中型鸮类。面盘灰棕色并有暗栗色翎领镶边，眼先上方具黑褐色斑；上体暗褐色，具棕黄色斑纹，并有细小的白色斑点；下体浅棕白，并散布有褐色斑点；尾白色，具褐色横斑。

生境

栖息于山坡草地或开旷草丛。

习性

常单独活动，夜行性。常巡飞于荒草地上寻找猎物。以鼠类等小型哺乳动物为食，也食蛇、蛙、鸟和昆虫。

贵州分布

主要分布于荔波、贵定、麻江、施秉、平塘、都匀、三都、江口、修文、威宁等地。

红头咬鹃

Red-headed Trogon

Harpactes erythrocephalus

◎别名：红姑鸽

◎保护级别与受胁等级：

国家二级；IUCN-LC；

CHINARL-NT；

CITES-未列入

◎分类：

咬鹃目TROGONIFORMES

咬鹃科Trogonidae

咬鹃属*Harpactes*

◎体重及体长：

体重♂95～125克，

♀118～124克；

体长♂350～360毫米，

♀350～365毫米

◎野外遇见率：

偶见

◎居留型：

留鸟

识别要点

雄鸟头、胸、腹赤红色，背及两肩棕褐色，腰及尾上覆羽棕栗色；中央尾羽棕栗色，具黑色羽端；胸部具有一狭形白色半环纹。雌鸟头、颈和胸为棕色；腹部红色比雄鸟略淡；翼上的白色虫蠹状纹转为淡棕色。

生境

栖息于中低海拔的常绿阔叶林和次生林中。

习性

常单独或成对活动，常静立于树枝上。主要以昆虫为食，也吃植物果实。

贵州分布

主要分布于赤水、习水、荔波等地。

栗喉蜂虎

Blue-tailed Bee-eater

Merops philippinus

◎别名：红喉吃蜂鸟、红喉蜂虎

◎保护级别与受胁等级：

国家二级；IUCN-LC；CHINARL-LC；CITES-未列入

◎分类：

佛法僧目CORACIIFORMES

蜂虎科Meropidae

蜂虎属*Merops*

◎体重及体长：

体重♂28～42克，♀35～44克；

体长♂254～300毫米，♀260～308毫米

◎野外遇见率：

罕见

◎居留型：

夏候鸟

识别要点

黑色过眼纹上下均蓝色，头及上背绿色沾黄色，颏黄色；喉至胸具栗红色条带；腹部浅绿色；腰和尾蓝色；中央尾羽甚延长且较狭细；飞行时，下翼羽橙黄色。

生境

栖息于疏林的林缘及开阔的农田、河岸。

习性

常集群活动，飞至空中捕食昆虫。主要以蜻蜓、蝉、蛾类、食虫虻、甲虫等昆虫为食。

贵州分布

记录于册亨等地。

白胸翡翠

White-breasted Kingfisher

Halcyon smyrnensis

◎别名：白胸鱼狗、翠碧鸟、翠毛鸟、红嘴吃鱼鸟、鱼虎

◎保护级别与受胁等级：

国家二级；IUCN-LC；
CHINARL-LC；
CITES-未列入

◎分类：

佛法僧目CORACIIFORMES
翠鸟科Alcedinidae
翡翠属*Halcyon*

◎体重及体长：

体重♂54～100克，
♀85～96克；
体长♂265～296毫米，
♀275～284毫米

◎野外遇见率：

偶见

◎居留型：

留鸟

识别要点

喙珊瑚红色至赤红色，粗长似凿，基部较宽，两侧无鼻沟；颏、喉及胸部中央纯白色；头、颈及下体余部为褐色；上背、肩及三级飞羽蓝绿色；下背、腰及尾上覆羽辉翠绿色，中覆羽黑色。

生境

栖息于中低海拔的池塘、水库、沼泽、稻田、鱼塘、河流、湖泊或村庄附近的水域。

习性

常单独活动。喜停栖在水边的电线、树枝或石头上，长时间望着水面，发现猎物迅速跃入水中捕食。主要以鱼、蟹、软体动物为食，也吃鳞翅目、直翅目、鞘翅目和膜翅目昆虫等陆栖昆虫。

贵州分布

主要分布于兴义、兴仁、安龙、望谟、罗甸、平塘、龙里、贵阳、镇宁、雷山等地。

白腿小隼

Pied Falconet

Microhierax melanoleucus

◎别名：小隼

◎保护级别与受胁等级：

国家二级；IUCN-LC；

CHINARL-VU；CITES-附录II

◎分类：

隼形目FALCONIFORMES

隼科Falconidae

小隼属*Microhierax*

◎体重及体长：

体重约50克；

体长169～190毫米

◎野外遇见率：

罕见

◎居留型：

留鸟

识别要点

头、后颈和整个上体黑色；脸侧和耳覆羽黑色；颊、颏、喉部和整个下体为白色；尾羽黑色，外侧尾羽的内缘具白色横斑；两翼黑色，次级飞羽具白色斑点；喙暗石板蓝色或黑色，脚和爪为暗色或黑色。

生境

栖息于中低海拔的落叶林的林缘地区，尤喜河谷及林内开阔地带。

习性

常单独或集小群活动，常立于无遮掩的树枝上。主要以昆虫、小鸟和鼠类为食。

贵州分布

主要分布于望谟、兴义等地。

红隼

Common Kestrel

Falco tinnunculus

◎别名：茶隼、红鹞子、红鹰、黄鹰

◎保护级别与受胁等级：
国家二级；IUCN-LC；
CHINARL-LC；
CITES-附录Ⅱ

◎分类：
隼形目FALCONIFORMES
隼科Falconidae
隼属*Falco*

◎体重及体长：
体重♂173～240克，
♀180～335克；
体长♂316～340毫米，
♀305～360毫米

◎野外遇见率：
常见

◎居留型：
留鸟

识别要点

中小型猛禽。雄鸟头灰蓝色，眼下有黑色髭纹；背和翅砖红色，具三角形黑斑；尾具宽阔的黑色次端斑和白色端斑；下体乳黄色或棕黄色，具黑色纵纹。雌鸟上体从头至尾棕红色；下体除喉外均被黑色纵纹。

习性

常单独或成对活动。主要以大型昆虫、鼠类、蜥蜴类等为食。

生境

栖息于山地森林、低山丘陵、旷野、山区植物稀疏的混合林、开垦耕地、旷野灌丛草地、河谷和农田地区。

贵州分布

贵州各地均有分布。

红脚隼

Amur Falcon

Falco amurensis

◎别名：阿穆尔隼

◎保护级别与受胁等级：

国家二级；IUCN-LC；

CHINARL-NT；CITES-附录Ⅱ

◎分类：

隼形目FALCONIFORMES

隼科Falconidae

隼属*Falco*

◎体重及体长：

体重♂124～150克，

♀138～190克；

体长♂255～295毫米，

♀268～292毫米

◎野外遇见率：

偶见

◎居留型：

旅鸟

识别要点

雄鸟通体暗石板灰黑色；尾下覆羽和覆腿羽橙棕栗色；腋羽和翼下覆羽纯白色；眼周、蜡膜和脚红色。雌鸟上体暗灰色，具黑色横斑；颊、喉、颈侧乳白色，眼下有黑斑；胸腹部具黑褐色纵纹。

习性

常单独活动，多飞翔于空中。飞翔时两翅快速扇动，休息时多站立于树上或电线杆上。飞行速度较快，可在空中追逐昆虫取食或者悬停觅食。主要以直翅目、鞘翅目昆虫为食，同时也捕食小型脊椎动物。

生境

栖息于中低山疏林、林缘、山脚平原、河流和农田等开阔地区，迁徙时易见于城市中。

贵州分布

主要记录于花溪、贵定、施秉、印江等地。

灰背隼

Merlin

Falco columbarius

◎别名：灰鹞子

◎保护级别与受胁等级：

国家二级；IUCN-VU；

CHINARL-NT；

CITES-附录Ⅱ

◎分类：

隼形目FALCONIFORMES

隼科Falconidae

隼属*Falco*

◎体重及体长：

体重♂122～185克，

♀155～205克；

体长♂270～305毫米，

♀277～315毫米

◎野外遇见率：

罕见

◎居留型：

冬候鸟或旅鸟

识别要点

小型猛禽，雌雄异色。雄鸟颏、喉白色；上体淡蓝灰色，具黑色羽轴纹；尾具宽阔的黑色亚端斑和窄的白色端斑；下体黄褐色，具黑色纵纹。雌鸟上体褐色，具淡色羽缘；胸腹部具深色斑纹。

习性

常单独活动，多在低空飞翔，休息时多栖于地上或树上。主要以小型鸟类、鼠类和昆虫为食，有时也捕食蜥蜴、蛙和小型蛇类。

生境

栖息于开阔的低山丘陵、山麓、森林等地带。

贵州分布

主要记录于威宁、金沙等地。

燕隼

Eurasian Hobby

Falco subbuteo

◎别名：虫鹞、儿隼、蚂蚱隼、青条子、土鹘

◎保护级别与受胁等级：

国家二级；IUCN LC；CHINARL- LC；CITES-附录II

◎分类：

隼形目FALCONIFORMES

隼科Falconidae

隼属*Falco*

◎体重及体长：

体重♂120～222克，♀159～294克；

体长♂290～330毫米，♀295～350毫米

◎野外遇见率：

常见

◎居留型：

夏候鸟

识别要点

小型猛禽。雄鸟头部具白色细眉纹，颊具明显黑色髭纹；上体暗蓝灰色，下体白色，腹有黑色纵纹；翼下白色，密布黑褐色横斑；翅褶合时，翼尖几达尾端。雌鸟似雄鸟，但体形稍大，上体褐色较深，下腹和尾下覆羽棕栗色较淡。

生境

主要栖息于中低海拔的旷野、耕地、疏林和林缘地带，有时也到村屯附近。

习性

常单独或成对活动。飞行快速而敏捷，在短暂的鼓翼飞翔后又接着滑翔，并能在空中作短暂停留。停飞时，多栖于高树和电线杆上。主要以麻雀、山雀等小型鸟类为食，也大量捕食直翅目及鞘翅目等昆虫。

贵州分布

主要分布于花溪、兴仁、普安、龙里、思南、印江、金沙、威宁、惠水、平塘等地。

游隼

Peregrine Falcon
Falco peregrinus

◎别名：黑背花梨鹞、花梨鹰、那青、青燕、鸭虎

◎保护级别与受胁等级：
国家二级；IUCN-LC；
CHINARL- NT；
CITES-附录 I

◎分类：
隼形目FALCONIFORMES
隼科Falconidae
隼属*Falco*

◎体重及体长：
体重♂647～825克，
♀约687克；
体长♂412～458毫米，
♀450～501毫米

◎野外遇见率：
偶见

◎居留型：
留鸟

颊部具明显黑色髭纹
腹部具黑色横纹

成体

亚成体

识别要点

大型隼类。成体眼周黄色，颊有粗著黑色髭纹；翅长而尖，翼下密布黑色横带；下体白色，腹部具清晰黑色横斑。亚成体似成体，上体深灰褐色，下体皮黄色，腹部具纵纹。

生境

栖息于开阔的山地、丘陵、沼泽地、湖泊、农田等生境。

习性

常单独活动，通常在快速鼓翼飞翔时伴随着一阵滑翔，也喜欢在空中翱翔。主要捕食野鸭等中小型鸟类，偶尔也捕食野兔、鼠类等小型哺乳动物。

贵州分布

主要分布于毕节、威宁、纳雍、大兴、普安、贞丰、荔波、龙里、惠水、剑河等地。

仙八色鸫

Fairy Pitta

Pitta nympha

◎别名：蓝翅八色鸫

◎保护级别与受胁等级：

国家二级；IUCN-VU；

CHINARL-VU；CITES-附录Ⅱ

◎分类：

雀形目PASSERIFORMES

八色鸫科Pittidae

八色鸫属*Pitta*

◎体重及体长：

体重♂49～70克，

♀48～50克；

体长♂185～192毫米，

♀176～212毫米

◎野外遇见率：

罕见

◎居留型：

留鸟

识别要点

前额至枕棕栗色；眉纹乳白色；头侧具宽阔黑纹自眼先至后颈，与黑色中央冠纹在后颈相连；背及两翼青蓝色，肩角处钴蓝色；喉白色，其余下体多灰色；腹至臀部血红色。

习性

常在林下单独或成对活动，行动敏捷，性机警而胆怯。多在地面边走边觅，用喙翻动落叶和腐烂的树干觅食。主要以蚁类等昆虫为食。

生境

栖息于潮湿低地和丘陵森林，尤喜茂密灌丛和溪流。

贵州分布

记录于荔波等地。

长尾阔嘴鸟

Long-tailed Broadbill

Psarisomus dalhousiae

◎别名：无

◎保护级别与受胁等级：

国家二级；IUCN-LC；

CHINARL- NT；

CITES-未列入

◎分类：

雀形目PASSERIFORMES

阔嘴鸟科Eurylaimidae

阔嘴鸟属*Psarisomus*

◎体重及体长：

体重♂52～75克，

♀47～79克；

体长♂242～281毫米，

♀202～270毫米

◎野外遇见率：

罕见

◎居留型：

留鸟

识别要点

全身亮绿色；头侧具有黄色圆斑；喙宽阔而平扁，呈黄绿色，上喙基部蓝色，下喙基部橙色；前额基线至眼先、喉及颈侧均为亮金黄色，其他头部区域为黑色；尾长且为蓝色，楔形。

生境

主要栖息于常绿阔叶林，尤喜森林茂密而林下植物发达的溪流和沟谷地带。

习性

常成群活动，多静栖于林下阴湿处的小树上或灌木上。活动时较警觉，但也相当大胆和不怕人。不善鸣叫和跳跃。主要以昆虫和其他节肢动物为食，也食小型脊椎动物和果实。

贵州分布

记录于望谟。

鹊鹂

Silver Oriole

Oriolus mellianus

◎别名：鹊鹂、鹊色鹂、鹊色黄鹂

◎保护级别与受胁等级：

国家二级；IUCN EN；CHINARL-EN；CITES-未列入

◎分类：

雀形目PASSERIFORMES

黄鹂科Oriolidae

黄鹂属*Oriolus*

◎体重及体长：

体重♂77～82克，♀75～81克；

体长♂240～260毫米，♀235～250毫米

◎野外遇见率：

罕见

◎居留型：

夏候鸟

识别要点

中型雀形目鸟类。雄鸟头、颈黑色而富有金属光泽；通体银白色，两翅黑色，尾栗色或玫瑰红色。雌鸟和雄鸟相似，但背为灰色，尾上覆羽和尾栗红色；下体白色，具窄的黑色纵纹。

生境

栖息于中低海拔的山地森林中，多见于次生阔叶林和疏林。

习性

常单独或成对活动，树栖型。以昆虫为主食，包括鞘翅目、半翅目、鳞翅目的成虫及幼虫等，也吃植物果实与种子。

贵州分布

记录于荔波等地。

金胸雀鹛

Golden-breasted Fulvetta
Lioparus chrysotis

◎别名：无

◎保护级别与受胁等级：
国家二级；IUCN-LC；
CHINARL-LC；
CITES-未列入

◎分类：
雀形目PASSERIFORMES
莺鹛科Sylviidae
Lioparus

◎体重及体长：
体重♂7～10克，
♀7～10克；
体长♂90～117毫米，
♀93～115毫米

◎野外遇见率：
偶见

◎居留型：
留鸟

识别要点

小型雀形目鸟类。头黑色，头顶中央有一道白色中央冠纹；颊和耳羽为白色；上体深灰色沾绿色；两翅黑色，外侧飞羽有黄色外缘和白色端斑；尾凸状，黑色；颏、喉黑色，胸和其余下体金黄色。

生境

主要栖息于中高海拔的常绿和落叶阔叶林、针阔混交林和针叶林中，也栖息于林缘和山坡稀树灌丛与竹林中。

习性

常单独或成对活动，也成5～6只的小群。性胆怯，行动敏捷，常在树枝和竹丛间跳跃，也频繁地在林下灌丛间穿梭。主要以鞘翅目昆虫和禾本科草籽等为食。

贵州分布

主要分布于桐梓、绥阳、江口等地。

暗色鸦雀

Grey-hooded Parrotbill

Sinosuthora zappeyi

◎别名：无

◎保护级别与受胁等级：

国家二级；IUCN-VU；CHINARL-VU；CITES-未列入

◎分类：

雀形目PASSERIFORMES

莺鹛科Sylviidae

Sinosuthora

◎体重及体长：

体重♂8～11克，

♀8～9克；

体长♂约124毫米，

♀约125毫米

◎野外遇见率：

偶见

◎居留型：

留鸟

识别要点

小型雀形目鸟类。喙短而粗厚，黄色；头顶具短的羽冠，呈暗灰色；眼圈白色，在暗灰色的头部极为醒目；背棕褐色；下体淡灰色，腹至尾下覆羽淡棕褐色。

习性

除繁殖期间成对或单独活动外，其他季节多成群。常在灌丛枝间跳跃或飞来飞去，但不远飞，仅在灌丛间做短距离的低空飞行。主要以鳞翅目幼虫、甲虫以及草籽等为食。

生境

主要栖息于中高山地带的箭竹丛和灌丛中，尤以开阔的湖边和溪流沿岸灌丛和高草丛中较常见。

贵州分布

主要分布于威宁、赫章等地。

红胁绣眼鸟

Chestnut-flanked White-eye
Zosterops erythropleurus

◎别名：白眼儿、粉眼儿、褐色胁绣眼、红胁白目眶、红胁粉眼

◎保护级别与受胁等级：
国家二级；IUCN-LC；CHINARL-LC；CITES-未列入

◎分类：
雀形目PASSERIFORMES
绣眼鸟科Zosteropidae
绣眼鸟属*Zosterops*

◎体重及体长：
体重♂6.8～12克，♀9～13克；
体长♂104～118毫米，♀102～119毫米

◎野外遇见率：
偶见

◎居留型：
旅鸟或冬候鸟

识别要点

小型雀形目鸟类。眼周缀以白色羽圈；眼先和眼下贯有黑色细纹；上体黄绿色，背部呈暗绿色；尾暗褐色，各羽外缘以黄绿色，颏、喉、颈侧及前胸鲜黄色，后胸两侧苍灰色；两胁栗红色；尾下覆羽鲜黄色。

生境

栖息于中低海拔的阔叶林和次生林中，尤以河边溪流沿岸的小树丛和灌丛中较常见。

习性

常单独或成对活动。性活泼，行动敏捷，经常在树枝间跳跃穿梭，也在灌丛上跳跃觅食。杂食性，主要以昆虫和植物为食。

贵州分布

主要记录于荔波、赤水、绥阳、江口、威宁、兴义、册亨等地。

画眉

Hwamei

Garrulax canorus

◎别名：中国画眉、画眉鸟

◎保护级别与受胁等级：

国家二级；IUCN-LC；

CHINARL-NT；CITES-附录Ⅱ

◎分类：

雀形目PASSERIFORMES

噪鹛科Leiothrichidae

噪鹛属*Garrulax*

◎体重及体长：

体重♂55～58克，

♀54～75克；

体长♂195～256毫米，

♀197～246毫米

◎野外遇见率：

常见

◎居留型：

留鸟

识别要点

中型雀形目鸟类。上喙橘色，下喙橄榄黄色；眼圈白色，并沿上缘形成一窄纹向后延伸至枕侧；上体橄榄褐色，具黑色纵纹；喉至上胸杂有黑色纵纹；腹中部灰色，下体棕黄色。

习性

常单独或成对活动，偶尔也结成小群。性胆怯而机敏，平时多隐匿于茂密的灌木丛和杂草丛中，不时地上到树枝间跃跳、飞翔。善鸣唱，鸣声婉转动听。主要以鞘翅目和鳞翅目幼虫、野果、草籽以及蚯蚓等为食。

生境

主要栖息于中低山的灌木丛中，也栖于林缘、农田、旷野、村落和城镇附近小树丛、竹林。

贵州分布

贵州大部分地区均有分布。

褐胸噪鹛

Grey Laughingthrush
Garrulax maesi

◎别名：无

◎保护级别与受胁等级：
国家二级；IUCN-LC；
CHINARL-LC；
CITES-未列入

◎分类：
雀形目PASSERIFORMES
噪鹛科Leiothrichidae
噪鹛属*Garrulax*

◎体重及体长：
体重♂112～113克，
♀约107克；
体长♂280～300毫米，
♀约281毫米

◎野外遇见率：
偶见

◎居留型：
留鸟

识别要点

中型雀形目鸟类。喙黑色，虹膜褐色；额基、眼先、眼周及颏等均黑褐色；耳羽浅灰色，其上方及后方均具白边；通体鼠灰色，胸部黑褐色，两翅和尾深褐色；叫声响亮。

生境

主要栖息于中低山常绿林及落叶阔叶林，常隐匿于林下密丛。

习性

多集小群活动于山地森林的林缘，性嘈杂。主要以昆虫和杂草种子等为食。

贵州分布

主要分布于汇川、赤水、榕江和雷山等地。

眼纹噪鹛

Spotted Laughingthrush

Garrulax ocellatus

◎别名：无

◎保护级别与受胁等级：

国家二级；IUCN-LC；

CHINARL-NT；CITES-未列入

◎分类：

雀形目PASSERIFORMES

噪鹛科Leiothrichidae

噪鹛属*Garrulax*

◎体重及体长：

体重♂116～137克，

♀106～127克；

体长♂310～345毫米，

♀312～340毫米

◎野外遇见率：

罕见

◎居留型：

留鸟

识别要点

中型雀形目鸟类。顶冠、颈背及喉黑色；上体棕褐色，满杂以白色、黑色斑点；下体棕色，胸具黑色横斑和棕白色端斑，两胁棕色具黑色次端横斑；翼羽的次端黑色而端白色，形成翼斑；尾端白色。

习性

多成对或集小群活动于林下，觅食于地面，吵闹但性隐蔽。主要以昆虫为食，也食植物果实、种子。

生境

主要栖息于亚热带常绿阔叶林和针阔混交林等茂密的山地森林中，也栖息于林缘和耕地旁边的灌丛与竹丛内。

贵州分布

记录于桐梓。

棕噪鹛

Buffy Laughingthrush

Garrulax berthemyi

◎别名：竹鸟、八音鸟

◎保护级别与受胁等级：

国家二级；IUCN-LC；

CHINARL-LC；

CITES-未列入

◎分类：

雀形目PASSERIFORMES

噪鹛科Leiothrichidae

噪鹛属*Garrulax*

◎体重及体长：

体重♂80～100克，

♀80～100克；

体长♂234～292毫米，

♀250～273毫米

◎野外遇见率：

偶见

◎居留型：

留鸟

识别要点

中型雀形目鸟类。喙端部黄色或黄绿色，基部黑色；额、眼先、眼周、耳羽上部、脸前部和颏黑色，眼周裸皮蓝色；上体棕黄色；翼羽、尾羽红棕色，尾下覆羽白色；下胸至腹部浅灰色。

生境

栖息于中低海拔的山地常绿阔叶林中，尤其林下植物发达、阴暗、潮湿和长满苔藓的岩石地区较常见。

习性

多集小群活动于灌丛和地面，性羞怯、善隐藏。繁殖期间鸣声婉转动听。主要以昆虫为食，也吃植物果实、种子。

贵州分布

主要分布于桐梓、绥阳、江口、惠水、雷山等地。

橙翅噪鹛

Elliot's Laughingthrush

Trochalopteron elliotii

◎别名：无

◎保护级别与受胁等级：

国家二级；IUCN-LC；CHINARL-LC；CITES-未列入

◎分类：

雀形目PASSERIFORMES

噪鹛科Leiothrichidae

Trochalopteron

◎体重及体长：

体重♂51～75克，

♀49～72克；

体长♂209～290毫米，

♀215～276毫米

◎野外遇见率：

偶见

◎居留型：

留鸟

识别要点

中型雀形目鸟类。眼先黑色，额、头顶至后颈沙褐色；上体灰橄榄褐色；翅具橄榄黄色翼斑；中央尾羽灰褐色，外侧尾羽外翈绿色而缘以橙黄色，具白色端斑；喉、胸棕褐色，下腹和尾下覆羽砖红色。

生境

栖息于中高山森林与灌丛中，也栖息于林缘疏林灌丛、竹灌丛、农田和溪边等开阔地区的灌丛中。

习性

除繁殖期间成对活动外，其他季节多成群。性嘈杂而极易被发现，不怯人，觅食于地面。杂食性，主要以昆虫和植物果实与种子为食。

贵州分布

主要分布于威宁、江口等地。

红尾噪鹛

Red-tailed Laughingthrush

Trochalopteron milnei

◎别名：赤尾噪鹛

◎保护级别与受胁等级：

国家二级；IUCN-LC；

CHINARL-LC；

CITES-未列入

◎分类：

雀形目PASSERIFORMES

噪鹛科Leiothrichidae

Trochalopteron

◎体重及体长：

体重♂66～93克，

♀67～93克；

体长♂220～272毫米，

♀238～256毫米

◎野外遇见率：

偶见

◎居留型：

留鸟

识别要点

冠羽至后颈棕黄色，眼先、眉纹、颊、颏和喉黑色，脸颊银白色；背具灰色或橄榄色鳞斑，各羽均具黑褐色羽缘；两翼及尾绯红；上胸具灰色鳞斑，下胸、腹等其余下体暗灰褐色，腹隐约具黑端。

生境

栖息于中低海拔常绿阔叶林下的灌丛或竹丛。

习性

成对或集小群在林下或地面活动，性胆怯，善鸣叫，隐蔽于密林之中。主要以昆虫和植物果实与种子为食。

贵州分布

主要分布于绥阳、桐梓、汇川等地。

银耳相思鸟

Silver-eared Mesia

Leiothrix argentauris

◎别名：黄嘴玉、七彩相思鸟

◎保护级别与受胁等级：

国家二级；IUCN-LC；

CHINARL-NT；CITES-附录Ⅱ

◎分类：

雀形目PASSERIFORMES

噪鹛科Leiothrichidae

相思鸟属*Leiothrix*

◎体重及体长：

体重♂23～29克，

♀22～28克；

体长♂153～180毫米，

♀140～173毫米

◎野外遇见率：

罕见

◎居留型：

留鸟

识别要点

中型雀形目鸟类。雄鸟前额橙黄色；头顶至后颈、眼先和颊黑色，耳羽银灰色；翅有明显朱红色翼斑；尾上和尾下覆羽与翼斑同色；后颈下部有一道橙黄色领圈；其余上体橄榄灰色，腰部沾绿。雌鸟和雄鸟相似，但尾上和尾下覆羽多为橙黄色。

习性

常单独或成对活动。性活泼而大胆，常在林下灌木层或竹丛间以及林间空地上跳跃。食性主要以甲虫、蚂蚁、鳞翅目幼虫等昆虫为食，也吃草莓、悬钩子、榕果、草籽等植物果实和种子，有时也吃谷粒、玉米等农作物。

生境

栖息于常绿阔叶林、灌丛和竹林间。

贵州分布

主要分布于罗甸、册亨等地。

红嘴相思鸟

Red-billed Leiothrix
Leiothrix lutea

◎别名：相思鸟、红嘴玉、五彩相思鸟、红嘴鸟

◎保护级别与受胁等级：
国家二级；IUCN-LC；
CHINARL-LC；
CITES-附录Ⅱ

◎分类：
雀形目PASSERIFORMES
噪鹛科Leiothrichidae
相思鸟属*Leiothrix*

◎体重及体长：
体重♂14～28克，
♀19～29克；
体长♂129～154毫米，
♀127～151毫米

◎野外遇见率：
常见

◎居留型：
留鸟

喙鲜红色

两翅具朱红色翼斑

叉状辉黑色尾羽

识别要点

雄鸟喙鲜红色；眼先、眼周淡黄色，耳羽橄榄灰色，颏和喉辉黄色；上体暗灰绿色沾黄，头顶绿色较浓；两翅具朱红色翼斑；尾叉状，呈黑色；上胸橙红色。雌鸟和雄鸟相似，但翼斑橙黄色。

生境

栖息于中低海拔阔叶林中的低矮乔木或灌木上，有时也进到村舍、庭院和农田附近的灌木丛中。

习性

常成群活动。主要以毛虫、甲虫、蚂蚁等昆虫为食，也吃植物果实、种子等植物性食物，偶尔也吃少量玉米等农作物。

贵州分布

贵州大部分地区均有分布。

滇䴓

Yunnan Nuthatch

Sitta yunnanensis

◎别名：无

◎保护级别与受胁等级：

国家二级；IUCN-NT；

CHINARL-VU；CITES-未列入

◎分类：

雀形目PASSERIFORMES

䴓科Sittidae

䴓属*Sitta*

◎体重及体长：

体重♂7～15克，

♀9～13克；

体长♂88～115毫米，

♀104～122毫米

◎野外遇见率：

罕见

◎居留型：

留鸟

识别要点

小型雀形目鸟类。具黑色过眼纹，延伸至颈侧处较宽，其上具狭细的淡白色眉纹；整个上体蓝灰色；脸颊、颈侧、颏以及喉棕白色，其余下体淡灰棕色。与普通䴓相比，其体形稍小，喙长与之相等，但喙形较细。

生境

栖息于中高山针叶林或针阔混交林。

习性

常单独或结小群活动，性活泼。具有一般䴓类的习性，善于沿树干上下活动，常呈头朝下的姿势，寻觅树皮缝隙中的昆虫。

贵州分布

记录于水城。

巨䴓

Giant Nuthatch

Sitta magna

◎别名：无

◎保护级别与受胁等级：

国家二级；IUCN-EN；

CHINARL-EN；

CITES-未列入

◎分类：

雀形目PASSERIFORMES

䴓科Sittidae

䴓属*Sitta*

◎体重及体长：

体重♂35～42克，

♀32～47克；

体长♂170～190 毫米，

♀170～187毫米

◎野外遇见率：

罕见

◎居留型：

留鸟

识别要点

额至头顶白色或灰白色，雄鸟顶冠具黑色细纹；眼先、眉纹黑色，并延伸至颈两侧；整个上体石板蓝色；下体灰白色或沾棕黄色；臀部栗色和白色相间；尾显长。

生境

栖息于中低海拔山地针叶林或针阔混交林。

习性

常成对或结小群活动，性活泼，较少停歇。具有一般䴓类的习性，善于沿树干上下活动，常呈头朝下的姿势，寻觅树皮缝隙中的昆虫。

贵州分布

记录于兴义。

褐头鸫

Grey-sided Thrush

Turdus feae

◎别名：费氏穿草鸫

◎保护级别与受胁等级：

国家二级；IUCN-VU；

CHINARL-VU；CITES-未列入

◎分类：

雀形目PASSERIFORMES

鸫科Turdidae

鸫属*Turdus*

◎体重及体长：

体重♂58～78克，

♀65～73克；

体长♂215～246毫米，

♀202～240毫米

◎野外遇见率：

罕见

◎居留型：

旅鸟

识别要点

中型雀形目鸟类。头部黄褐色，具白色眉纹，眼下具弧形白纹；翅呈黑褐色；喉部两侧、腹部及臀为灰白色。外形与白眉鸫、白腹鸫较为相似，不同在于腹部为灰白色而非白眉鸫的黄褐色，白色眉纹短于白腹鸫。

习性

常单独或成对活动，性胆怯。主要以昆虫为食，也吃花、果实和种子。

生境

栖息于中高山针阔混交林和林缘地带。

贵州分布

记录于绥阳（宽阔水自然保护区）。

紫宽嘴鸫

Purple Cochoa

Cochoa purpurea

◎别名：紫鸫

◎保护级别与受胁等级：

国家二级；IUCN-LC；

CHINARL-LC；

CITES-未列入

◎分类：

雀形目PASSERIFORMES

鸫科Turdidae

宽嘴鸫属*Cochoa*

◎体重及体长：

体重♂85～89克，

♀85～89克；

体长♂242～280毫米，

♀242～280毫米

◎野外遇见率：

罕见

◎居留型：

留鸟

头顶淡蓝紫色

脸颊黑色

通体紫褐色

♂

通体棕褐色

♀

识别要点

中型雀形目鸟类，雌雄异色。雄鸟头顶淡蓝紫色，脸颊、耳羽和后颈围绕头顶部分黑色；除头尾外，通体紫褐色；两翅黑色且具淡灰紫色翼斑；尾蓝紫色，具黑色端斑。雌鸟似雄鸟，但全身以棕褐色为主。

习性

常单独或成对活动，性机警而安静。主要以昆虫为食，辅以植物果实、种子。

生境

栖息于中低山常绿阔叶林。

贵州分布

记录于威宁。

红喉歌鸲

Siberian Rubythroat

Calliope calliope

◎别名：红点颏、红脖、红颏

◎保护级别与受胁等级：

国家二级；IUCN-LC；

CHINARL-LC；CITES-未列入

◎分类：

雀形目PASSERIFORMES

鹟科Muscicapidae

Calliope

◎体重及体长：

体重♂16～27克，

♀15～23克；

体长♂135～178毫米，

♀127～160毫米

◎野外遇见率：

偶见

◎居留型：

旅鸟

识别要点

小型雀形目鸟类，雌雄异色。雄鸟喉红色，具白色眉纹和髭纹；上体褐色，两翅呈暗棕褐色，尾褐色；下体皮黄色，两胁棕黄色。雌鸟喉白色，部分个体白色中可见少许红色。

习性

常单独或成对活动，性机警且安静。喜欢在地面上活动。主要以昆虫为食，辅以少量植物。

生境

栖息于低山丘陵和山脚平原地带的次生林和混交林。

贵州分布

主要记录于绥阳等地。

蓝喉歌鸲

Bluethroat

Luscinia svecica

◎别名：蓝点颏、蓝靛颏儿、蓝脖、蓝领、长脚青

◎保护级别与受胁等级：

国家二级；IUCN-LC；CHINARL-LC；CITES-未列入

◎分类：

雀形目PASSERIFORMES

鹟科Muscicapidae

歌鸲属*Luscinia*

◎体重及体长：

体重♂14～22克，♀13～18克；

体长♂122～156毫米，♀130～158毫米

◎野外遇见率：

偶见

◎居留型：

旅鸟或冬候鸟

识别要点

小型雀形目鸟类，雌雄异色。雄鸟喉部整体为蓝色，中央具栗红色斑；胸部为黑、白、棕色组成的胸带；具有明显的白色眉纹。雌鸟上体颜色比雄鸟淡，喉白色，黑色的细颊纹与由黑色点斑组成的胸带相连。

习性

常单独或成对活动，性胆小而羞怯。常不时上下抖动尾羽或将尾展开，穿梭于矮灌丛之下。主要以鳞翅目、鞘翅目等昆虫为食，有时也吃植物种子。

生境

栖息于高山灌丛、疏林灌丛以及低海拔的芦苇湿地。

贵州分布

主要记录于玉屏、雷山等地。

白喉林鹟

Brown-chested Jungle Flycatcher

Cyornis brunneatus

◎别名：褐胸林鹟

◎保护级别与受胁等级：

国家二级；IUCN-VU；

CHINARL-VU；CITES-未列入

◎分类：

雀形目PASSERIFORMES

鹟科Muscicapidae

Cyornis

◎体重及体长：

体重♂17～18克，

♀约15克；

体长♂155～169 毫米，

♀约154毫米

◎野外遇见率：

偶见

◎居留型：

夏候鸟

识别要点

小型雀形目鸟类。头顶深褐色，眼周淡黄色，头侧和颈侧锈褐色；上体呈橄榄褐色；喉白色，颈近白色而略具深色鳞状斑纹；下胸、腹部和尾下覆羽白色，尾上覆羽和尾羽红褐色。

生境

栖息于中低山的亚热带常绿阔叶林、竹林、次生林、人工林的中、下层及林缘灌丛。

习性

常单独或成对活动，性胆小，隐匿在森林下灌丛或竹丛中。主要以昆虫为食。

贵州分布

主要记录于印江、绥阳等地。

棕腹大仙鹟

Fujan Niltava
Niltava davidi

◎别名：无

◎保护级别与受胁等级：

国家二级；IUCN-LC；

CHINARL-LC；

CITES-未列入

◎分类：

雀形目PASSERIFORMES

鹟科Muscicapidae

仙鹟属*Niltava*

◎体重及体长：

体重♂约28克，

♀约24克；

体长♂164～173毫米，

♀约158毫米

◎野外遇见率：

偶见

◎居留型：

冬候鸟

识别要点

小型雀形目鸟类，雌雄异色。雄鸟额、颊、喉黑色；上体亮蓝色，下腹棕色；与棕腹仙鹟易混淆，区别在色彩较暗。雌鸟上体橄榄褐色，颈侧具有蓝色斑，喉部具有白色斑；与棕腹仙鹟的区别在腹部较白。

生境

栖息于中低海拔的山地常绿阔叶林、落叶阔叶林，有时也到次生林或林缘灌丛活动。

习性

常单独或成对活动，性安静，有沿着粗的树枝奔跑的习性。主要以昆虫为食，也吃少量植物果实和种子。

贵州分布

主要分布于罗甸、绥阳等地。

蓝鹀

Slaty Bunting

Emberiza siemsseni

◎别名：无

◎保护级别与受胁等级：

国家二级；IUCN-LC；

CHINARL-LC；CITES-未列入

◎分类：

雀形目PASSERIFORMES

鹀科Emberizidae

鹀属*Emberiza*

◎体重及体长：

体重♂13～17克，

♀14～17克；

体长♂116～140 毫米，

♀116～130毫米

◎野外遇见率：

偶见

◎居留型：

冬候鸟

识别要点

小型雀形目鸟类，雌雄异色。雄鸟通体为深蓝灰色；腹部至尾下覆羽白色；两翅黑褐色，羽端蓝灰色；尾蓝褐色，具蓝黑色羽端，最外侧尾羽具白斑。雌鸟通体棕褐色；头部和枕部为暖黄色。

生境

栖息于中低海拔的针阔混交林和阔叶林底层。

习性

常单独或成对活动，性大胆。主要以草籽、植物种子为食，也食昆虫。

贵州分布

主要分布于怀仁、绥阳、江口、惠水、罗甸、贵阳、金沙、荔波等地。

黄胸鹀

Yellow-breasted Bunting
Emberiza aureola

◎别名：黄胆、禾花雀、黄肚囊、黄豆瓣、麦黄雀

◎保护级别与受胁等级：
国家一级；IUCN-CR；CHINARL-CR；CITES-未列入

◎分类：
雀形目PASSERIFORMES
鹀科Emberizidae
鹀属*Emberiza*

◎体重及体长：
体重♂20～29克，♀18.5～24克；
体长♂134～159毫米，♀130～158毫米

◎野外遇见率：
罕见

◎居留型：
旅鸟

识别要点

小型雀形目鸟类，雌雄异色。雄鸟前额、头侧、上喉黑色；上体茶黄褐色，下体鲜黄色，上胸具栗色横带；两胁有栗褐色纵纹；翅上具2道白色翼斑。雌鸟眉纹淡棕黄色；上体灰褐色，头顶至背具黑色纵纹；上胸不具横带。

习性

常单独或成对活动，性胆怯，迁徙时成大群活动。主要以谷子、稻谷、高粱、麦粒等农作物为食。

生境

栖息于中低海拔的丘陵地区。

贵州分布

主要记录于荔波、印江、望谟等地。

爬行纲
REPTILIA

平胸龟

Big-headed Turtle

Platysternon megacephalum

◎别名：大头平胸龟、鹰嘴龟、鹰龟

◎保护级别与受胁等级：

国家二级；IUCN-CR；CHINARL-CR；CITES-附录Ⅰ

◎分类：

龟鳖目TESTUDINES

平胸龟科Platysternidae

平胸龟属*Platysternon*

◎体重及体长：

背甲长80～174毫米，宽63～155毫米，高31～52毫米

◎野外遇见率：

罕见

识别要点

体极扁平；头大吻短，不能缩入壳内；头背覆整块完整的盾片；背甲长卵圆形，具中央脊棱，前后稍隆起；腹甲小于背甲，近长方形，前缘平截，后缘凹入；尾长几乎与体长相等，覆环状排列的矩形鳞片。

习性

多在夜间活动。6—9月为繁殖期，常产卵于山涧、溪流、水坑边，每次产卵2枚左右；11月气温降至10℃后，开始冬眠，次年4月开始活动。善爬。食性较广，以小鱼、虾等为食。性凶猛，激怒时会嘶嘶作响，张口以示自威。

生境

生活在阴凉的山涧清澈溪流、沼泽地、水潭中及河边、田边，尤喜溪流基底为沙石质、两岸土壤为黏沙土，且流速缓慢的溪流深水处。

贵州分布

主要分布于石阡、德江、松桃、兴义、榕江。

乌龟

Reeves' Turtle

Mauremys reevesii

◎别名：金龟、草龟、泥龟、金钱龟（幼体）、墨龟（雄性）

◎保护级别与受胁等级：

国家二级；IUCN-EN；CHINARL-EN；CITES-附录III

◎分类：

龟鳖目TESTUDINES

地龟科Geoemydidae

拟水龟属*Mauremys*

◎体重及体长：

背甲长♂94～168毫米，♀73～170毫米；

背甲宽♂63～105毫米，♀52～117毫米

◎野外遇见率：

罕见

识别要点

体长椭圆形；头小吻短，可缩回壳内；背甲稍隆起，有3条纵棱，脊棱明显；盾片常有分裂或畸形，致使盾片数多于正常数目；腹甲平坦，几与背甲等长，前缘平截略上翘，后端具缺刻；尾短，小于体长。

习性

常于傍晚活动。4—8月为繁殖季，5—8月为产卵期，每年产卵3～4次，每次一穴产卵5～7枚。食性杂，主要以昆虫、虾、螺等为食。耐饥饿能力强。遇到敌害或受惊吓时，便把头、四肢和尾缩入壳内。

生境

常栖于中低海拔有植被的湖泊、河流、池塘、稻田中。

贵州分布

贵州各地均有历史记录，但野生个体近年已难以发现。

眼斑水龟

Beal's Four-Eyed turtle

Sacalia bealei

◎别名：四眼斑水龟

◎保护级别与受胁等级：

国家二级；IUCN-EN；

CHINARL-CR；

CITES-附录Ⅱ

◎分类：

龟鳖目TESTUDINES

地龟科Geoemydidae

眼斑水龟属*Sacalia*

◎体重及体长：

背甲长95～160毫米，

宽72～93毫米，

高37～58 毫米

◎野外遇见率：

十分罕见

识别要点

头后侧具1对色彩不同的眼斑；背甲较平，灰棕色，具1条纵棱；腹甲平坦，略与背甲等长，前缘平切，后缘略凹；雄性腹甲多有黑色斑点，雌性腹甲多为大块黑斑；尾细，背面色深，腹面色浅。

习性

一般4月底进行交配，产卵期为5—8月，每年产卵分3～4批，每批产3～6枚。通常在山溪边或沟渠边的洞穴中冬眠。杂食性，主食小鱼虾、蜗牛等。性胆小，遇惊扰将头、尾、四肢缩入壳内或无目的地四处乱窜。

生境

分布于中等海拔或中游区域的低山丘陵山涧流溪或沟渠中，水流缓慢、水质较清澈。活动期其活动范围较广，在稻田、水塘等处也能见其踪迹。

贵州分布

野生种群仅记录于松桃。

山瑞鳖

Wattle-necked Softshell Turtle

Palea steindachneri

◎别名：团鱼、甲鱼、山瑞

◎保护级别与受胁等级：

国家二级；IUCN-CR；

CHINARL-EN；CITES-附录Ⅱ

◎分类：

龟鳖目TESTUDINES

鳖科Trionychidae

山瑞鳖属*Palea*

◎体重及体长：

体重约2.0千克，

背甲长118～315毫米，

宽97～255毫米

◎野外遇见率：

罕见

识别要点

体形中等。头、体皮肤柔软，无角质盾片；背甲青灰色或黄橄榄绿色；中央具脊棱；腹甲平坦呈灰白色，具灰黑色斑块；吻端的肉质吻突长，其长约与眶径相等；颈基两侧各有一团大的瘰粒。

习性

除冬眠期外，其他季节均可交配，以4—5月交配最为常见，产卵期为5—6月，每年产卵1～2次，每次产卵7～24枚。水温低于15℃便进入冬眠。肉食性，主要以鱼、虾、螺等水生动物为食。除繁殖季节上岸较多外，其余时间几乎都待在水里。

生境

生活于中低海拔的江河、湖泊、水库及山涧溪流等水流平缓、鱼虾繁多、沙底的淡水水域。喜栖息在水质清澈的山涧中。

贵州分布

记录于望谟、兴义。

荔波睑虎

Libo Leopard Gecko

Goniurosaurus liboensis

◎别名：无

◎保护级别与受胁等级：

国家二级；IUCN-EN；
CHINARL-VU；
CITES-未列入

◎分类：

有鳞目SQUAMATA
睑虎科Eublepharidae
睑虎属*Goniurosaurus*

◎体重及体长：

头体长103～110毫米

◎野外遇见率：

偶见

识别要点

头体长大于尾长；环鼻孔有8～9枚鳞片；鼻间鳞2～3枚；爪被4枚鳞片包围；成体背部棕褐色，有不规则的黑褐斑点；背面有4条棕黄色间黑色的横带纹；枕部横斑1条；尾部黑色，具5～6条白色环斑。

习性

多在夜间活动于森林的山路及农舍附近的树干上，属于捕食昆虫的营穴居生活的夜行性爬行动物。用于储存脂肪的尾部具有白色环纹，受到威胁时可自断再生，但只能再生一次，再生尾部没有白环纹，只有不规则白斑。

生境

生活在生境相对较好的喀斯特森林中，在森林道路边、农舍附近或溪流河岸边的石灰岩溶洞或石缝中栖息。

贵州分布

贵州仅见于荔波。

细脆蛇蜥

Burman Glass Lizard

Ophisaurus gracilis

◎别名：碎蛇、脆蛇、细蛇蜥

◎保护级别与受胁等级：

国家二级；IUCN-LC；

CHINARL-EN；CITES-未列入

◎分类：

有鳞目SQUAMATA

蛇蜥科Anguidae

脆蛇蜥属*Ophisaurus*

◎体重及体长：

体长♂427～578毫米，

♀278～420毫米

◎野外遇见率：

罕见

识别要点

体细长，形似蛇，无四肢；尾长超过头体长的2倍；体两侧从颈后到肛前各有1条纵沟；耳孔略大于鼻孔；体背暗褐色，两侧具黑纹，雄性体前段有蓝色横斑，雌性背面具黑色斑点。

习性

昼伏夜出，白天躲在原木和岩石下。尾易断，但能再生。主食昆虫。7—8月产卵。

生境

生活在海拔1000米左右的山坡干旱地，多栖息在石块下或树根及倒状枯树下的缝穴中。

贵州分布

分布于安龙、罗甸、兴义、望谟等地。

脆蛇蜥

Hart's Glass Lizard

Ophisaurus harti

◎别名：碎蛇、蛇蜥、山泥鳅、
金蛇、金星地鳝

◎保护级别与受胁等级：
国家二级；IUCN-LC；
CHINARL-EN；
CITES-未列入

◎分类：
有鳞目SQUAMATA
蛇蜥科Anguidae
脆蛇蜥属*Ophisaurus*

◎体重及体长：
体长♂470～665毫米，
♀493～648毫米

◎野外遇见率：
偶见

识别要点

体形与细脆蛇蜥相似，但较为粗壮；无四肢；尾长不超过头体长的1.5倍；体色变化较大，体背有浅褐色或乳白色，雄体背中线两侧有17条至20余条不对称的翡翠色横纹，侧沟背缘的深色纵纹自腹侧延伸至尾端。

习性

行动缓慢，靠身体左右摆动前进；尾极易断，能再生；一般产卵5枚；卵产于枯叶及大石块下；多捕食蚯蚓、蜗牛、小蠕虫和各种小昆虫。10月中下旬，陆续进入冬眠；泄殖腔内能放出一种特殊的臭味。

生境

生活于山林、草丛等生境。栖息环境温暖潮湿，以通气性能和渗水性能较好的沙壤土为多。多见于农田边或路边，也见于溪边和树林的枯叶下。

贵州分布

分布于望谟、兴仁、雷山、荔波、独山、江口等地。

蟒蛇

Burmese Python

Python bivittatus

◎别名：黑尾蟒、金花蟒、南蛇、琴蛇

◎保护级别与受胁等级：

国家二级；IUCN-VU；CHINARL-EN；CITES-附录II

◎分类：

有鳞目SQUAMATA

蟒科Pythonidae

蟒属*Python*

◎体重及体长：

体长约3000毫米

◎野外遇见率：

罕见

◎毒性及致伤性：

无毒

识别要点

头颈部背面有一暗棕色矛形斑，头侧有一条黑色纵斑，头部腹面黄白色；体背棕褐色、灰褐色或黄色，体背及两侧均有大块镶黑边云豹状斑纹；头小，吻端较平扁，具唇窝。

习性

夜行性；杂食性，捕食时常迅速咬住猎物后用身体缠绕致死，可吃山羊、鹿等动物，常食鼠类、爬行类及两栖类，但饱食后可数月不食；冬眠4～5个月。生殖年龄一般在2.5岁以上，每年交配期为3—8月，卵生，雌蟒有护卵习性。

生境

大多生活在热带、亚热带低山丛林地区，喜在常绿阔叶林或常绿阔叶藤本灌木丛以及良好的洞穴中休息及隐蔽，但在草地、沼泽、小溪和河流中也有发现。

贵州分布

野生个体记录于兴仁、紫云、望谟、罗甸等地。近年贵阳等地也有发现，疑为圈养逃逸个体。

三索蛇

Copper-head Trinket Snake

Coelognathus radiatus

◎别名：三索锦蛇、三索线、广蛇、三索线蛇

◎保护级别与受胁等级：

国家二级；IUCN-LC；CHINARL-VU；CITES-未列入

◎分类：

有鳞目SQUAMATA

游蛇科Colubridae

颌腔蛇属*Coelognathus*

◎体重及体长：

体全长1000毫米以上；

体长♂1502±308毫米，♀1610±323毫米

◎野外遇见率：

偶见

◎毒性及致伤性：

无毒

识别要点

头体背棕黄色；眼后及眼下方有3条放射状黑线纹，故名“三索”，第一索向下、后下方延伸，第三索向后上方延伸；顶鳞后缘具有1条黑色横纹；通身背面红褐色或浅棕黄色；腹面色浅且具有金属光泽。

习性

全年在较温暖的地区繁殖。多在白天活动，多吃鼠类、鸟类、蜥蜴、蛙类等。激怒时常张开大口，体前段侧扁颈部身体呈“S”形作攻击姿势。遇敌害时有“假死”习性。

生境

栖息于中低海拔的平原、丘陵及山区河谷地带，多见于土坡、田边和路边。

贵州分布

分布于罗甸、望谟、兴义、荔波等地。

眼镜王蛇

King Cobra

Ophiophagus hannah

◎别名：山万蛇、过山峰、蛇王、麻骨乌、大眼镜蛇

◎保护级别与受胁等级：
国家二级；IUCN-VU；
CHINARL-VU；
CITES-附录Ⅱ

◎分类：
有鳞目SQUAMATA
眼镜蛇科Elapidae
眼镜王蛇属*Ophiophagus*

◎体重及体长：
体长♂2810±543毫米，
♀2455±380毫米；
国内记录最长3806毫米

◎野外遇见率：
罕见

◎毒性及致伤性：
剧毒，以神经毒素为主，排毒量大，短时间可致死。

识别要点

头部椭圆形；颈部能膨扁，颈背有黄白色“∧”形斑纹，无眼镜状斑，体背面黑褐色，躯干和尾部背面有窄的白色镶黑边的横纹；体腹面灰褐色，具有黑色线状斑纹；背鳞平滑无棱，具金属光泽，斜行排列。

习性

昼夜活动，性格凶猛；受惊或发怒时，体前部竖起，颈部膨扁，可攻击人畜。卵生，每年4月底至5月进行交配。以其他蛇类和蜥蜴类为食，也吃鸟类、鸟卵及鼠类。会建巢，雌蛇有护卵习性。

生境

栖息于地势陡峭、岩石重叠、常绿灌木与落叶乔木混杂的中低山海拔区域。常见于森林边缘近水处，在丘陵和山区多见于近水区或隐匿于石缝或洞穴中。

贵州分布

分布于兴义、晴隆、望谟、册亨、安顺、剑河、榕江、荔波、罗甸、惠水等。

角原矛头蝮

Horned Pit Viper

Protobothrops cornutus

◎别名：烙铁头

◎保护级别与受胁等级：

国家二级；IUCN-NT；

CHINARL-EN；

CITES-未列入

◎分类：

有鳞目SQUAMATA

蝰科Viperidae

原矛头蝮属*Protobothrops*

◎体重及体长：

最大体长♂680毫米，

♀644毫米

◎野外遇见率：

罕见

◎毒性及致伤性：

剧毒，以血液循环毒素为主，排毒量较大。

识别要点

头呈三角形；头颈区分明显，具颊窝；眼上具有一对角状突起；鼻鳞到两角基前侧具有黑褐色“X”形斑；两眼间相连有黑色“V”状花纹；体背有深色不规则方形斑纹相连，体侧颜色较浅，腹部为浅褐色。

生境

主要栖息在喀斯特地区中低山常绿和落叶林中。常见于路边石缝、潮湿的道路边缘，栖息地附近一般有水沟，且周围蛙类、蟾蜍资源丰富。

习性

夜晚活动较频繁，常以蛙类、鼠类为食。

贵州分布

分布于荔波。

水城角蟾（李仕泽/摄）

两栖纲
AMPHIBIA

贵州拟小鲵

Guizhou Salamander

Pseudohynobius guizhouensis

◎别名：无

◎保护级别与受胁等级：

国家二级；IUCN-DD；

CHINARL-DD；

CITES-未列入

◎分类：

有尾目CAUDATA

小鲵科Hynobiidae

拟小鲵属*Pseudohynobius*

◎体重及体长：

体长♂176.0～184.0毫米，

♀157.1～203.4毫米

◎野外遇见率：

成鲵罕见，幼鲵偶见于溪沟中

◎生活型：

水栖型

识别要点

头部扁平，椭圆形；上眼睑后方至头顶中部有“V”形隆起，中间略凹陷；背面紫褐色，有不规则的橘红色或土黄色近圆形斑；腹面具细小白点；头部、体背及四肢背面无小白点；尾长略短于头体长。

生境

栖息于中低海拔山地的溪流附近。栖息环境溪沟边箭竹和灌木茂密，将溪沟上空遮掩，水草茂盛，水流平缓，水质清澈，水底为砂石。

习性

成鲵非繁殖期远离水域，陆栖于植被繁茂、地表枯枝落叶层厚、阴凉潮湿的环境中。幼鲵栖息在小溪内回水处。

贵州分布

贵州特有种，分布于贵定、都匀、麻江等地。

金佛拟小鲵

Jinfo Salamander

Pseudohynobius jinfo

◎别名：无

◎保护级别与受胁等级：

国家二级；IUCN-EN；

CHINARL-CR；CITES-未列入

◎分类：

有尾目CAUDATA

小鲵科Hynobiidae

拟小鲵属*Pseudohynobius*

◎体重及体长：

体长♂约190毫米，

♀约160毫米

◎野外遇见率：

成鲵罕见，幼体偶见溪沟中

◎生活型：

水栖型

识别要点

头部扁平呈卵圆形，头长大于头宽；吻端钝圆；生活时整个背面紫褐色，有不规则的土黄色小斑点或斑块；雄鲵肛部隆起明显，肛裂前缘有一个乳白色突起；尾短于头体长。

生境

栖息于中高海拔植被繁茂的山区。栖息环境溪沟上空遮蔽，溪边水草茂盛。溪流平缓、水质清澈，水底为砂石底。

习性

成鲵白天隐蔽在溪边草丛，晚上在水内活动。非繁殖期成鲵远离水域，生活在灌木杂草茂密的地表枯枝落叶层潮湿的环境中。

贵州分布

中国特有种。在贵州分布于桐梓、道真。

宽阔水拟小鲵

Kuankuoshui Salamander

Pseudohynobius kuankuoshuiensis

◎别名：无

◎保护级别与受胁等级：

国家二级；IUCN-CR；

CHINARL-EN；

CITES-未列入

◎分类：

有尾目CAUDATA

小鲵科Hynobiidae

拟小鲵属*Pseudohynobius*

◎体重及体长：

体长♂约160毫米，

♀150～155毫米

◎野外遇见率：

成鲵罕见，幼体偶见于溪沟内

◎生活型：

水栖型

识别要点

头部扁平，卵圆形，头长大于头宽；吻端钝圆；皮肤光滑；头顶中部有一“V”形隆起，中间略凹陷；背面紫褐色，有不规则的土黄色近圆形斑；体腹面颜色较浅；幼鲵外鳃3对，体背面深褐色。

生境

栖息于中低海拔植被茂密的山地区域，地表枯枝落叶较厚；栖息地溪沟水质清澈，水流平缓，为砂石底。

习性

在非繁殖期间营陆栖生活，生活在植被繁茂、杂草丛生、地表枯枝落叶厚的阴凉潮湿的灌木、乔木林下或茶林丛内。幼鲵生活于小山溪水凼回水处。

贵州分布

贵州特有种，仅分布于绥阳、桐梓、习水等地。

水城拟小鲵

Shuicheng Salamander

Pseudohynobius shuichengensis

◎别名：无

◎保护级别与受胁等级：

国家二级；IUCN-CR；

CHINARL-EN；CITES-未列入

◎分类：

有尾目CAUDATA

小鲵科Hynobiidae

拟小鲵属*Pseudohynobius*

◎体重及体长：

体长♂177.7～209.9毫米，

♀182.5～213.2毫米

◎野外遇见率：

成鲵罕见，幼体偶见于溪沟内

◎生活型：

水栖型

识别要点

体形较大，头部扁平，头长远大于头宽；背面紫褐色，无异色斑纹；体腹面色较浅；皮肤光滑，有光泽；四肢较长；掌、趾部无黑色角质层，一般有内外掌突和跖突。

生境

栖息于海拔1900米左右的喀斯特山区，山上长有常绿乔木和灌丛以及杂草，植被繁茂，地表枯枝落叶层较厚，湿度极大，沟中流水清澈，终年不断。

习性

非繁殖期营陆栖生活，夜间外出活动，以昆虫、螺类等为食。繁殖期为5—6月，此期间成鲵集中于出水土洞或岩洞内，产卵于洞中。幼体越冬多隐藏在水凼内叶片和石块下，翌年5—7月完成变态，并上岸营陆栖生活。

贵州分布

贵州特有种，仅分布于水城。

大鲵

Chinese Giant Salamander
Andrias davidianus

◎别名：中国大鲵、娃娃鱼、人鱼、孩儿鱼、狗鱼、腊狗

◎保护级别与受胁等级：
国家二级；IUCN-CR；
CHINARL-CR；
CITES-附录Ⅰ

◎分类：
有尾目CAUDATA
隐鳃鲵科Cryptobranchidae
大鲵属*Andrias*

◎体重及体长：
一般全长1000毫米左右，
大者可达2000毫米以上

◎野外遇见率：
十分罕见

◎生活型：
水栖型

识别要点

最大的两栖类。头大而宽扁，躯干扁平，尾短而侧扁；吻端钝圆，口大，眼小；头部背、腹面均有成对疣粒；生活时周身以棕褐色或棕红色为主，体背常有不规则的深褐色斑纹；尾末钝圆或钝尖。

生境

生活于中低海拔山区中林木荫蔽处，以及水流较急而清凉的、阴河、岩洞和深水潭中，对溪水质量要求较高。

习性

一般夜出晨归，常住一个洞穴。捕食主要在夜间进行，常守候在滩口乱石间，发现可猎动物经过，突然张嘴捕食，其食量很大，食性甚广，主要以蟹、蛙、鱼、虾以及水生昆虫等为食。7—9月为繁殖期，雌鲵产念珠状卵带一对。

贵州分布

贵州大部分地区均有分布记录，但近年来野生个体十分稀少。存在人工养殖个体进入野生种群现象。

贵州疣螈

Red-tailed Knobby Newt

Tylototriton kweichowensis

◎别名：描抱石、苗婆蛇、土哈蚧

◎保护级别与受胁等级：

国家二级；CITES-附录Ⅱ；CHINARL-VU；CITES-未列入

◎分类：

有尾目CAUDATA

蝾螈科Salamandridae

疣螈属*Tylototriton*

◎体重及体长：

体长♂155.0～195.0毫米，♀177.0～210.0毫米

◎野外遇见率：

偶见

◎生活型：

水陆兼栖型

识别要点

头部扁平，顶部凹陷；吻端钝圆；皮肤粗糙，通身棕黑色，头背、躯干及尾有大小不等的疣粒，体侧瘰疣密集；体背面有3条纵行棕红色纹，尾部橘红色；头后侧、背脊及指、趾端为橘红色。

习性

白天隐匿在阴湿的土洞、石穴、杂草丛中或苔藓层下，活动多见于晚上，觅食昆虫、蚰蜒、小螺、蚌及蝌蚪等小动物。4月下旬至7月上旬在水塘、土坑、水井和稻田内繁殖，5—6月为繁殖盛期。

生境

生活在中高海拔的山区溪流的水塘中，喜长有杂草、灌丛和稀疏乔木的潮湿环境。

贵州分布

分布于盘州、毕节、威宁、赫章、水城、大方、黔西、金沙、纳雍、织金、安龙等地。

文县瑶螈

Wenxian Knobby Newt

Yaotriton wenxianensis

◎别名：文县疣螈

◎保护级别与受胁等级：

国家二级；IUCN-VU；

CHINARL-VU；

CITES-未列入

◎分类：

有尾目CAUDATA

蝾螈科Salamandridae

瑶螈属*Yaotriton*

◎体重及体长：

体长♂126.0～133.0毫米，

♀105.0～140.0毫米

◎野外遇见率：

偶见

◎生活型：

水栖型

识别要点

头部扁平，吻端平截；头顶部有“V”形棱脊；皮肤粗糙；体腹面疣粒与背面疣粒大小较为一致；体腹面及肛部周围黑褐色；指、趾和掌、趾突及尾部下缘为橘红色或橘黄色；尾末端钝尖。

习性

非繁殖季节在陆地林中生活。捕食昆虫、蚯蚓等小型动物。5月为繁殖盛期，繁殖季节成螈到静水塘附近活动和繁殖。

生境

栖息于中低海拔林木繁茂的山区，喜山涧洼地、水塘附近潮湿腐叶或树根下土洞内。

贵州分布

分布于大方、绥阳、遵义、雷山等地。

尾斑瘰螈

Spot-tailed Warty Newt

Paramesotriton caudopunctatus

◎别名：小西

◎保护级别与受胁等级：

国家二级；IUCN-NT；

CHINARL-VU；CITES-未列入

◎分类：

有尾目CAUDATA

蝾螈科Salamandridae

瘰螈属*Paramesotriton*

◎体重及体长：

体长♂122.0～146.0毫米，

♀131.0～154.0毫米

◎野外遇见率：

偶见

◎生活型：

水栖型

识别要点

头部扁平，前窄后宽；吻端平截；皮肤粗糙，腹中部皮肤较光滑；体背有3条橘黄色或黄褐色纵带纹；雄螈尾部两侧有镶黑边的紫红色圆斑或长条形斑，体、尾橄榄绿色；尾下部色浅，散有黑斑点。

生境

生活于中低海拔的山溪及小河边回水凼，有时也到溪边静水塘内活动。栖息地岸边杂生乔木与灌木，植被茂密，环境阴湿。

习性

成螈多以水生昆虫、虾、蛙卵和蝌蚪等为食。繁殖时间为4—6月。受刺激后皮肤可分泌出乳白色黏液，似浓硫酸气味。摄食过程存在抢夺食物而打斗的现象。

贵州分布

分布于雷山、台江。

龙里瘰螈

Longli Warty Newt

Paramesotriton longliensis

◎别名：无

◎保护级别与受胁等级：

国家二级；IUCN-VU；

CHINARL-EN；

CITES-未列入

◎分类：

有尾目CAUDATA

蝾螈科Salamandridae

瘰螈属*Paramesotriton*

◎体重及体长：

体长♂101.7～131.1毫米，

♀104.5～140.0毫米

◎野外遇见率：

偶见

◎生活型：

水栖型

识别要点

头部扁平，前窄后宽，头长大于头宽；吻端平截；皮肤较粗糙，布满疣粒和痣粒，体腹面疣较少，个别呈簇状；体背有黄色纵带纹；指、趾两侧无缘膜，指、趾末端有黑色角质层；尾淡黑褐色。

生境

生活在中低海拔水流平缓的大水塘或有地下水流出的水塘中。水质清澈，水底多为石块、泥沙和水草。

习性

白天常隐伏在溪底石下、腐叶堆或溪边草丛中，很少活动。游动时四肢贴体，以尾部摆动而缓慢前进。常在夜间外出活动觅食，主食蚯蚓、蝌蚪、虾、小鱼和螺类等动物。繁殖季节在4月至6月中旬。

贵州分布

分布于龙里、遵义、贵阳、绥阳、桐梓。

茂兰瘰螈

Maolan Warty Newt

Paramesotriton maolanensis

◎别名：无

◎保护级别与受胁等级：

国家二级；IUCN-DD；CHINARL-DD；CITES-未列入

◎分类：

有尾目CAUDATA

蝾螈科Salamandridae

瘰螈属*Paramesotriton*

◎体重及体长：

体长♂177.4～192.0毫米，♀197.4～207.8毫米

◎野外遇见率：

罕见

◎生活型：

水栖型

识别要点

体形较大，头部扁平，头长大于头宽；吻短，吻端平截；皮肤较为光滑，头和身体无颗粒状疣；身体背面呈黑褐色，喉部腹面和体腹面颜色较浅，并缀以不规则大型的橘红色斑块和黄色小型斑块。

生境

栖息于喀斯特森林地带水流平缓的大水塘或有地下水流出的水塘中，水塘周围植被茂盛，水质清澈。

习性

白天常隐伏在水塘底部，很少活动，有时在水中以摆动尾巴游泳或浮于水面呼吸空气。较难寻找，有洪水时会跳出水面。

贵州分布

贵州特有种，仅分布于荔波。

武陵瘰螈

Wuling Warty Newt

Paramesotriton wulingensis

◎别名：无

◎保护级别与受胁等级：

国家二级；IUCN-LC；

CHINARL-NT；

CITES-未列入

◎分类：

有尾目CAUDATA

蝾螈科Salamandridae

瘰螈属*Paramesotriton*

◎体重及体长：

体长♂124.0～139.0毫米，

♀113.0～137.0毫米

◎野外遇见率：

偶见

◎生活型：

水栖型

识别要点

头部略扁平，前窄后宽，头长大于头宽；吻端平切；皮肤较粗糙；体背面呈黑褐色；咽喉部腹面和身体腹面黑色，并缀以不规则的橘红色或橘黄色的点状斑，或条形斑腹中线有橘黄色纵带。

生境

生活在中低海拔阔叶林小型流溪水流平缓的回水塘或溪边静水域中。

习性

白天常隐伏在溪底，有时摆动尾部游泳至水面呼吸空气；游动时，四肢贴体，以尾摆动而缓慢前进。通常在夜间活动觅食，觅食时多静伏于水底，当水生昆虫及其他小动物经过嘴边时，即迅速张口咬住而后慢慢吞下。

贵州分布

贵州仅分布于江口梵净山。

织金瘰螈

Zhijin Warty Newt

Paramesotriton zhijinensis

◎别名：无

◎保护级别与受胁等级：

国家二级；IUCN-EN；

CHINARL-EN；CITES-未列入

◎分类：

有尾目CAUDATA

蝾螈科Salamandridae

瘰螈属*Paramesotriton*

◎体重及体长：

体长♂103.0～126.9毫米，

♀102.2～125.4毫米

◎野外遇见率：

偶见

◎生活型：

水栖型

识别要点

头部略扁平，前窄后宽，头长大于头宽；吻端平截；皮肤粗糙，布满疣粒和痣粒；全身为黑褐色或浅褐色；体背脊两侧各有1条棕黄色纵纹；肛后尾腹鳍褶呈橘红色或橘黄色。

习性

白天常隐伏在溪底石下、腐叶堆或溪边草丛中；游动时，四肢贴体，以尾摆动而缓慢前进；常在夜间外出活动觅食，觅食时常静伏于水底，主食蚯蚓、蝌蚪、虾、小鱼和螺类等动物。繁殖季节在4月至6月中旬。

生境

栖息于中低海拔水流平缓的山溪或有地下水流出的水塘中；栖息环境水质清澈，水底多为石块、泥沙和水草。

贵州分布

贵州特有种，仅记录于织金。

峨眉髭蟾

Emei Moustache Toad

Vibrissaphora boringii

◎别名：胡子蛙、角怪

◎保护级别与受胁等级：

国家二级；IUCN-EN；

CHINARL-EN；

CITES-未列入

◎分类：

无尾目ANURA

角蟾科Megophryidae

髭蟾属*Vibrissaphora*

◎体重及体长：

体长♂70.0～89.0毫米，

♀59.0～76.0毫米

◎野外遇见率：

成体罕见，蝌蚪偶见

◎生活型：

陆栖型

识别要点

雄蟾上唇缘每侧各有8～12枚角质刺（繁殖期后脱落，留下白色斑痕），雌蟾在相应部位有数目相同的米色小点。头部、躯干部和四肢背面均呈蓝褐色或青灰色；腹面紫肉色，满布乳白色小点或小颗粒。

生境

生活于中低海拔植被繁茂的山溪及其附近。蝌蚪生活在溪沟内，周围环境潮湿、水源充足、植被浓郁，成蟾在繁殖季节过后隐匿在常绿落叶阔叶林中。

习性

成蟾在山坡草丛中营陆栖生活，不善跳跃，爬行缓慢。繁殖季节在2—4月，雄蟾能发出低沉的“咕—咕—咕”的鸣声。成蟾进入流水较缓而石块甚多的溪段内产卵；卵群贴附在石块底面，呈圆环状。

贵州分布

分布于江口、沿河、石阡、绥阳、仁怀。

雷山髭蟾

Leishan Moustache Toad

Vibrissaphora leishanense

◎别名：胡子蛙、干气蟆

◎保护级别与受胁等级：

国家二级；IUCN-EN；CHINARL-VU；CITES-未列入

◎分类：

无尾目ANURA

角蟾科Megophryidae

髭蟾属*Vibrissaphora*

◎体重及体长：

体长♂69.0～96.0毫米，♀70.0毫米左右

◎野外遇见率：

成体罕见，蝌蚪偶见

◎生活型：

陆栖型

识别要点

雄蟾上唇缘每侧有2枚角质刺，雌蟾在相应部位有数目相同的橘红色小点。雄蟾无声囊。皮肤较光滑；体背面蓝棕色或紫褐色，具不规则黑斑；体腹面散有灰白色痣粒，胯有1枚白色月牙斑。

习性

成体营陆栖生活，移动缓慢。11月进入繁殖季节，卵群呈环状或堆状。蝌蚪白昼常隐于水底石缝内，不易发现，晚上则在水中游动，2～3年才能变成幼蟾，整年均可见到不同发育阶段的蝌蚪。

生境

栖息于中低海拔的阔叶林地带山溪中，陆地生活环境阴冷潮湿，林内枯枝落叶层厚，溪边生长有箭竹丛。蝌蚪多生活在缓流处水凼内的石下。

贵州分布

贵州特有种，分布于雷山、榕江、台江、剑河、从江。

水城角蟾

Shuicheng Horned Toad

Xenophrys shuichengensis

◎别名：无

◎保护级别与受胁等级：

国家二级；IUCN-EN；

CHINARL-EN；

CITES-未列入

◎分类：

无尾目ANURA

角蟾科Megophryidae

角蟾属*Xenophrys*

◎体重及体长：

体长♂100.0～116.0毫米，

♀102.0～118.0毫米

◎野外遇见率：

罕见

◎生活型：

水栖型

识别要点

体形较大；鼓膜显露；吻部盾形；体背棕褐色具小疣粒；腹面色浅，咽胸部具褐色或紫褐色斑，胸部斑块大；后肢向前伸展时，胫跗关节达眼后角；趾侧有缘膜；具声囊，繁殖期雄蟾指上无婚垫、无婚刺。

生境

栖息于中等海拔的亚热带常绿阔叶林山区，其生活环境为平缓流溪，水质清凉，两岸灌木丛、杂草茂密，流溪中石灰质石块较多。

习性

以昆虫、蚯蚓及其他小动物为食。繁殖季节为4月中下旬。多年野外考察未听见该蟾的鸣声，也未见到抱对和产卵行为。具口漏斗的蝌蚪发育到次年的5—6月。

贵州分布

贵州特有种，分布于水城、绥阳。

虎纹蛙

Chinese Tiger Frog

Hoplobatrachus chinensis

◎别名：水鸡、青鸡、虾蟆、田鸡

◎保护级别与受胁等级：

国家二级；IUCN-LC；CHINARL-EN；CITES-未列入

◎分类：

无尾目ANURA

叉舌蛙科Dicroglossidae

虎纹蛙属*Hoplobatrachus*

◎体重及体长：

体重可达250克左右；

体长♂66.0～98.0毫米，

♀87.0～121.0毫米

◎野外遇见率：

偶见

◎生活型：

陆栖型

识别要点

体形大；鼓膜明显；吻端钝尖；体背呈黄绿色或灰棕色，皮肤粗糙有不规则的肤棱，断续成纵行排列；后肢向前伸展时，胫跗关节达眼至肩部；趾间全蹼；具声囊；第一指灰色婚垫发达。

习性

白天隐匿于水域岸边的洞穴内；夜间外出活动，跳跃能力强。成蛙捕食各种昆虫，也捕食蝌蚪、小蛙及小鱼等。雄蛙鸣声如犬吠。繁殖期3—8月，5—6月为产卵盛期。蝌蚪栖息于水塘底部。

生境

生活于中低海拔的山区、平原地带的稻田、鱼塘、水库、沟渠及水坑内。

贵州分布

分布于罗甸、荔波、望谟、安龙、兴义。

务川臭蛙

Wuchuan Odorous Frog

Odorrana wuchuanensis

◎别名：青蛙、井磅

◎保护级别与受胁等级：

国家二级；IUCN-VU；

CHINARL-VU；

CITES-未列入

◎分类：

无尾目ANURA

蛙科Ranidae

臭蛙属*Odorrana*

◎体重及体长：

体长♂71.0～76.5毫米，

♀75.8～90.0毫米

◎野外遇见率：

罕见

◎生活型：

水栖型

识别要点

体形较大；体背部呈绿色，疣粒周围有分散的黑斑；体腹部布满深灰色和黄色的大斑；后肢前伸贴体时，胫跗关节达鼻孔；指、趾吸盘较大；雄蛙第一指有淡橘黄色婚垫，无声囊，无雄性腺，胸部无刺团。

生境

生活于海拔700米左右山区的溶洞内。洞内有暗河流出，水流缓慢；洞内气温18～25℃，水深0.1～2米，水温16～17℃。

习性

成蛙栖息于距洞口30米左右的水塘周围的岩壁上，洞内接近全黑。该蛙受惊扰后即跳入水中，并游到深水石下。繁殖季节在5—8月，6—8月可见到蝌蚪和成蛙。

贵州分布

分布于务川、荔波。

胭脂鱼（幼体）（居涛/摄）

鱼纲
PISCES

中华鲟

Chinese Sturgeon
Acipenser sinensis

◎别名：
鲟鱼、鳇鲟、黄鲟、潭龙
◎保护级别与受胁等级：
国家一级；IUCN-CR；
CHINARL-CR；CITES-附录Ⅱ
◎贵州分布：
乌江下游、赤水河下游曾为其分布区，已多年未有发现。

◎分类：
鲟形目ACIPENSERIFORMES
鲟科Acipenseridae
鲟属*Acipenser*
◎体重及体长：
体重40～300千克；体长1700～3000毫米

长江鲟

Yangtze Sturgeon
Acipenser dabryanus

◎别名：
达氏鲟、沙腊子、小腊子、鲟鱼、鳇鱼
◎保护级别与受胁等级：
国家一级；IUCN-EW；
CHINARL-CR；CITES-附录Ⅱ
◎贵州分布：
乌江下游、赤水河下游曾为其分布区，现已野外灭绝。

◎分类：
鲟形目ACIPENSERIFORMES
鲟科Acipenseridae
鲟属*Acipenser*
◎体重及体长：
体重5～16千克；体长750～1050毫米

白鲟

Chinese Paddlefish

Psephurus gladius

◎别名：

象鱼、象鼻鱼、箭鱼、柱鲟鳇、琵琶鱼、鲔

◎保护级别与受胁等级：

国家一级；IUCN-EX；

CHINARL-CR；CITES-附录II

◎贵州分布：

乌江下游、赤水河下游曾为其分布区，该种已于2022年被IUCN宣布灭绝。

◎分类：

鲟形目ACIPENSERIFORMES

匙吻鲟科Polyodontidae

白鲟属*Psephurus*

◎体重及体长：

体重200～300千克；体长2000～3000毫米

花鳗鲡

Marbled Eel

Anguilla marmorata

◎别名：

白鳝、白鳗、河鳗、鳗鲡、青鳝

◎保护级别与受胁等级：

国家二级；IUCN-LC；

CHINARL-CR；CITES-未列入

◎贵州分布：

仅见于红水河和南盘江。

◎分类：

鳗鲡目ANGUILLIFORMES

鳗鲡科Anguillidae

鳗鲡属*Anguilla*

◎体重及体长：

体重40～50千克；体长700～800毫米

胭脂鱼

Chinese sucker
Myxocyprinus asiaticus

◎别名：
火烧鳊、黄排、木叶盘、红鱼、紫鳊、燕雀鱼

◎保护级别与受胁等级：
国家二级；IUCN-NE；
CHINARL-CR；CITES-未列入

◎贵州分布：
中国特有的淡水珍稀物种，分布于乌江和赤水河水域。

◎分类：
鲤形目CYPRINIFORMES
胭脂鱼科Catostomidae
胭脂鱼属*Myxocyprinus*

◎体重及体长：
体重8～30千克；体长580～1000毫米

鯮

Long spiky-head carp
Luciobrama macrocephalus

◎别名：
白鳝、白鳗、河鳗、鳗鲡、青鳝

◎保护级别与受胁等级：
国家二级；IUCN-DD；
CHINARL-CR；CITES-未列入

◎贵州分布：
分布于乌江、赤水河和清水江等下游水域。

◎分类：
鲤形目Xenocyprididae
鲤科Cyprinidae
鯮属*Luciobrama*

◎体重及体长：
体重12～50千克；体长660～1500毫米

山白鱼

Mountain White fish

Anabarilius transmontanus

◎别名：

白鲹、白鳊，河鳗、鳗鲡、青鲹

◎保护级别与受胁等级：

国家二级；IUCN-DD；

CHINARL-EN；CITES-未列入

◎贵州分布：

中国特有种，在贵州分布于南盘江水域。

◎分类：

鲤形目CYPRINIFORMES

鲤科Cyprinidae

鲸属*Anabarilius*

◎体重及体长：

体长64～146毫米

圆口铜鱼

Largemouth bronze gudgeon

Coreius guichenoti

◎别名：

肥沱、水密子、麻花、方头、圆口

◎保护级别与受胁等级：

国家二级；IUCN-NE；

CHINARL-CR；CITES-未列入

◎贵州分布：

中国特有种，分布于乌江和赤水河水域。

◎分类：

鲤形目Xenocyprididae

鲤科Cyprinidae

铜鱼属*Coreius*

◎体重及体长：

体重660～2500克；体长333～580毫米

长鳍吻鮈

Sauvage et Dabry
Rhinogobio ventralis

◎别名：
灰子、土耗儿
◎保护级别与受胁等级：
国家二级；IUCN-NE；
CHINARL-EN；CITES-未列入
◎贵州分布：
主要分布于乌江和赤水河。

◎分类：
鲤形目CYPRINIFORMES
鲤科Cyprinidae
鮈属*Rhinogobio*
◎体重及体长：
体重70～180克；体长214～216毫米

单纹似鳡

Shuttle-like carp
Luciocyprinus langsoni

◎别名：
杆条鱼
◎保护级别与受胁等级：
国家二级；IUCN-VU；
CHINARL-EN；CITES-未列入
◎贵州分布：
主要分布于南盘江和红水河。

◎分类：
鲤形目Xenocyprididae
鲤科Cyprinidae
似鳡属*Luciocyprinus*
◎体重及体长：
体重2.2～15.0千克；体长170～790毫米

金线鲃属所有种

Sinocyclocheilus spp.

◎物种名：

金线鲃属所有种*Sinocyclocheilus* spp.，截至2023年，贵州目前已正式命名记录的金线鲃属鱼类20种（见下表）

◎分类：

鲤形目CYPRINIFORMES
鲤科Cyprinidae
金线鲃属*Sinocyclocheilus*

◎保护级别与受胁等级：

国家二级：
驼背金线鲃*Sinocyclocheilus cyphotergous*
角金线鲃*Sinocyclocheilus angularis*
驼背金线鲃*Sinocyclocheilus cyphotergous*
为IUCN-VU，其余种为IUCN-NE；
CHINARL见下表；CITES-未列入

◎体重及体长：

体重10～250克，体长29～200毫米

◎贵州分布：

金线鲃属为中国特有属。金线鲃是地下伏流和岩穴鱼类，该属鱼类生存繁衍都离不开洞穴，在贵州主要分布于北盘江、南盘江、红水河、柳江和乌江等水系。

贵州已记述的金线鲃属物种列表

序	金线鲃属物种名	分布	所属水系	CHINARL
1	双角金线鲃 *Sinocyclocheilus bicornutus*	兴仁	北盘江水系	VU
2	小屯金线鲃 *Sinocyclocheilus xiaotunensis*	贞丰	北盘江水系	未列入
3	贞丰金线鲃 *Sinocyclocheilus zhenfengensis*	贞丰	北盘江水系	DD
4	狭孔金线鲃 *Sinocyclocheilus angustiporus*	兴义、兴仁、 贞丰、荔波	南盘江水系、北盘 江水系、柳江水系	NT
5	角金线鲃 *Sinocyclocheilus angularis*	盘州	南盘江水系 黄泥河支流	VU
6	驼背金线鲃 *Sinocyclocheilus cyphotergous*	罗甸	红水河水系 蒙江支流	VU
7	粗壮金线鲃 *Sinocyclocheilus robustus*	荔波	南盘江水系、 柳江水系	DD
8	多斑金线鲃 *Sinocyclocheilus multipunctatus*	遵义、贵阳、 惠水，荔波	乌江水系、红水河 水系、柳江水系	NT
9	洞塘金线鲃 *Sinocyclocheilus* *dongtangensis*	荔波	柳江水系	DD
10	尧兰金线鲃 *Sinocyclocheilus yaolanensis*	荔波	柳江水系	LC
11	大鳞金线鲃 *Sinocyclocheilus macrolepis*	荔波	柳江水系	LC
12	长须金线鲃 *Sinocyclocheilus longibarbatus*	荔波	柳江水系	LC
13	巨须金线鲃 *Sinocyclocheilus hugeibarbus*	荔波	柳江水系	DD
14	荔波金线鲃 *Sinocyclocheilus liboensis*	荔波	柳江水系	DD
15	洞塘金线鲃 *Sinocyclocheilus dongtangensis*	荔波	柳江水系	DD
16	斑点金线鲃 *Sinocyclocheilus punctatus*	荔波	柳江水系	DD
17	侧条金线鲃 *Sinocyclocheilus lateristriyus*	荔波	柳江水系	EN
18	尖头金线鲃 *Sinocyclocheilus oxycephalus*	荔波	柳江水系	VU
19	短身金线鲃 *Sinocyclocheilus brevis*	荔波	柳江水系	VU
20	季氏金线鲃 *Sinocyclocheilus jii*	荔波	柳江水系	LC

四川白甲鱼

Onychostoma angustistomata

◎别名：

腊棕、尖嘴白甲、小口白甲

◎保护级别与受胁等级：

国家二级；IUCN-未列入；

CHINARL-EN；CITES-未列入

◎贵州分布：

分布于乌江和赤水河。

◎分类：

鲤形目CYPRINIFORMES

鲤科Cyprinidae

白甲鱼属*Onychostoma*

◎体重及体长：

体重600～750克；体长145～189毫米

金沙鲈鲤

Percocypris pingi

◎别名：

大花鱼、豹纹花鱼、秉氏鲈鲤

◎保护级别与受胁等级：

国家二级；IUCN-NT；

CHINARL-EN；CITES-未列入

◎贵州分布：

分布于濛江、南盘江、北盘江、乌江和赤水河。

◎分类：

鲤形目Xenocyprididae

鲤科Cyprinidae

鲈鲤属*Percocypris*

◎体重及体长：

体重0.5～1千克；体长212～470毫米

花鲈鲤

Percocypris regani

◎别名：

花鱼

◎保护级别与受胁等级：

国家二级；IUCN-未列入；

CHINARL-VU；CITES-未列入

◎贵州分布：

主要分布于南盘江。

◎分类：

鲤形目CYPRINIFORMES

鲤科Cyprinidae

鲈鲤属*Percocypris*

◎体重及体长：

体重为610～1200克；体长420～650毫米

细鳞裂腹鱼

Schizothorax chongi

◎别名：

缅鱼

◎保护级别与受胁等级：

国家二级；IUCN-未列入；

CHINARL-EN；CITES-未列入

◎贵州分布：

主要分布于赤水河下游。

◎分类：

鲤形目Xenocyprididae

鲤科Cyprinidae

裂腹鱼属*Schizothorax*

◎体重及体长：

体重19～1250克；体长100～460毫米

重口裂腹鱼

Schizothorax davidi

◎别名：

重唇鱼、重口、细甲鱼

◎保护级别与受胁等级：

国家二级；IUCN-未列入；

CHINARL-EN；CITES-未列入

◎贵州分布：

分布于乌江下游。

◎分类：

鲤形目CYPRINIFORMES

鲤科Cyprinidae

裂腹鱼属*Schizothorax*

◎体重及体长：

体重50～4000克；体长120～400毫米

岩原鲤

Procypris rabaudi

◎别名：

岩鲤

◎保护级别与受胁等级：

国家二级；IUCN-未列入；

CHINARL-VU；CITES-未列入

◎贵州分布：

主要分布于赤水河和乌江中下游。

◎分类：

鲤形目CYPRINIFORMES

鲤科Cyprinidae

原鲤属*Procypris*

◎体重及体长：

体重2.0～3.5千克；体长120～350毫米

乌原鲤

Procypris merus

◎别名：

乌鲤、墨鲤、黑鲤

◎保护级别与受胁等级：

国家二级；IUCN- DD；

CHINARL-EN；CITES-未列入

◎贵州分布：

仅分布于西江水系红水河和北盘江。

◎分类：

鲤形目CYPRINIFORMES

鲤科Cyprinidae

原鲤属*Procypris*

◎体重及体长：

体重850～1770克；体长67～338毫米

红唇薄鳅

Leptobotia rubrilabris

◎别名：

红针

◎保护级别与受胁等级：

国家二级；IUCN-未列入；

CHINARL-VU；CITES-未列入

◎贵州分布：

主要分布于赤水河。

◎分类：

鲤形目CYPRINIFORMES

鳅科Cobitidae

薄鳅属*Leptobotia*

◎体重及体长：

体重4.4～60.9克；体长70～166毫米

长薄鳅

Leptobotia elongata

◎别名：

花鱼，钢鳅

◎保护级别与受胁等级：

国家二级；IUCN-VU；

CHINARL-EN；CITES-未列入

◎贵州分布：

分布于乌江、赤水河、清水江。

◎分类：

鲤形目CYPRINIFORMES

鳅科Cobitidae

薄鳅属*Leptobotia*

◎体重及体长：

体重500～1500克；体长50～500毫米

湘西盲高原鳅

Triplophysa xiangxiensis

◎别名：

湘西盲南鳅、湘西高原鳅

◎保护级别与受胁等级：

国家二级；IUCN-VU；

CHINARL-VU；CITES-未列入

◎贵州分布：

主要分布于松桃河（酉水）。

◎分类：

鲤形目CYPRINIFORMES

条鳅科Nemacheilidae

高原鳅属*Triplophysa*

◎体重及体长：

体长40～90毫米

斑鳠

Hemibagrus guttatus

◎别名：

芝麻剑、二胡子、游子

◎保护级别与受胁等级：

国家二级；IUCN-DD；

CHINARL-未列入；CITES-未列入

◎贵州分布：

主要分布于南盘江、北盘江、红水河、都柳江。

◎分类：

鲇形目Siluriformes

鲿科Bagridae

半鲿属*Hemibagrus*

◎体重及体长：

体长180～730毫米；体重2.0～5.0千克

金裳凤蝶（邢济春/摄）

昆虫纲

INSECTA

泛叶䗛

Celebes Leaf Insect
Phyllium celebicum

◎别名：
无

◎保护级别与受胁等级：
国家二级；IUCN-未列入；
CITES-未列入

◎分类：
䗛目Phasmaodea
叶䗛科Phyllidae
叶䗛属*Phyllium*

◎贵州分布：
主要分布于贵阳、雷山。

桂北大步甲

Carabus guibeicus

◎别名：
无

◎保护级别与受胁等级：
国家二级；IUCN-NE；
CITES-未列入

◎分类：
鞘翅目Coleoptera
步甲科Carabidae
大步甲属*Carabus*

◎贵州分布：
主要分布于荔波。

阳彩臂金龟

Cheirotonus jansoni

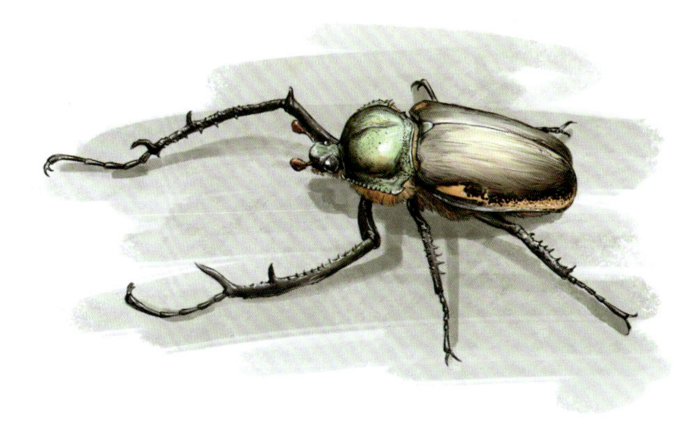

◎别名：

无

◎保护级别与受胁等级：

国家二级；IUCN-未列入；
CITES-未列入

◎分类：

鞘翅目Coleoptera
臂金龟科Euchiridae
臂金龟属*Cheirotonus*

◎贵州分布：

主要分布于荔波、江口。

金裳凤蝶

Golden Birdwing

Troides aeacus

◎别名：

无

◎保护级别与受胁等级：

国家二级；IUCN-LC；
CTIES-附录Ⅱ

◎分类：

鳞翅目Lepidoptera
凤蝶科Papilionidae
裳凤蝶属*Troides*

◎贵州分布：

主要分布于荔波、罗甸。

黑紫蛱蝶

Sasakia funebris

◎别名：

无

◎保护级别与受胁等级：

国家二级；IUCN-未列入；CITES-未列入

◎分类：

鳞翅目Lepidoptera

蛱蝶科Nymphalidae

紫蛱蝶属*Sasakia*

◎贵州分布：

主要分布于贵阳、石阡、习水、江口、凯里、都匀。

参考文献

蔡焰值, 蔡烨强, 何长仁, 等, 2003. 岩原鲤的生物学初步研究[J]. 水利渔业(4): 17-19+21.

陈红, 李松, 熊荣川, 等, 2013. 贵州省六盘水明湖国家湿地公园脊椎动物资源调查研究[J]. 六盘水师范学院学报, 25(6): 1-20.

陈继军, 潘成坤, 王英, 等, 2017. 雷山髭蟾生态初步观察[J]. 动物学杂志, 52(4): 668-674.

陈景星, 唐文乔, 张春光, 等, 1994. 西南武陵山地区动物资源和评价[M]. 北京: 科学出版社.

陈景星, 赵执桴, 郑建州, 等, 1988. 中国鲃亚科Barbinae鱼类三新种： 鲤形目, 鲤科[J]. 遵义医学院学报, 11(1): 1-4+92-93.

陈焜慈, 邬国民, 李恒颂, 等, 1999. 珠江斑鳠年龄和生长的研究[J]. 中国水产科学(4): 62-66.

陈水华, 刘阳, 2021. 中国鸟类观察手册[M]. 湖南: 湖南科学技术出版社.

陈毅峰, 1988. 中国淡水鱼类原色图集[M]. 上海: 上海科学技术出版社.

陈银瑞, 1986. 白鱼属鱼类的分类整理: 鲤形目: 鲤科[J]. 动物分类学报, 11(4): 429-438.

陈银瑞, 褚新洛, 1989. 云南鱼类志: 上[M]. 北京: 科学出版社.

褚新洛, 陈银瑞, 1990. 云南鱼类志: 下[M]. 北京: 科学出版社.

代应贵, 2011. 贵州都柳江的鱼类区系及动物地理区划[J]. 水产学报, 35(6): 871-879.

代应贵, 2017. 贵州蒙江鱼类区系组成及特征分析[J]. 动物学杂志, 52(2): 253-262.

代应贵, 陈毅峰, 2007. 清水江的鱼类区系及生态类型[J]. 生态学杂志, 26(5): 682-687.

代应贵, 李敏, 2006. 梵净山及邻近地区鱼类资源的现状[J]. 生物多样性, 14(1): 55-64.

邓辉胜, 何学福, 2005. 长江干流长鳍吻鮈的生物学研究[J]. 西南农业大学学报(自然科学版), 27(5): 139-143.

丁瑞华, 1994. 四川鱼类志[M]. 成都: 四川科学技术出版社: 28-36.

梵净山科学考察集委员会, 1982. 梵净山科学考察集[M]. 贵州: 贵州省环境保护局, 贵州省环境科学会.

费梁, 叶昌媛, 江建平, 2005. 中国两栖动物检索及图解[M]. 成都: 四川科学技术出版社.

费梁, 叶昌媛, 江建平, 2012. 中国两栖动物及其分布彩色图鉴[M]. 成都: 四川科学技术出版社.

高欣, 2007. 长江珍稀及特有鱼类保护生物学研究[D]. 武汉: 中国科学院研究生院(水生生物研究所).

关贯勋, 1986. 中国红头咬鹃*Harpactes erythrocephalus*的种下分类研究[J]. 动物学研究, 7(4): 391-392.

贵阳阿哈湖国家湿地公园管理处, 2021. 阿哈湖鸟类图鉴[M]. 北京: 中国林业出版社.
贵州动物志编委会, 1980. 贵州脊椎动物分布名录[M]. 贵阳: 贵州人民出版社.
贵州省环保局, 1990. 桫椤自然保护区科学考察集[M]. 贵阳: 贵州民族出版社.
郭冬生, 张正旺, 2015. 中国鸟类生态大图鉴[M]. 重庆: 重庆大学出版社.
何晓瑞, 1987. 南盘江下游两岸云南、贵州、广西毗连地区哺乳动物的研究[J]. 云南大学学报(自然科学版), 9(4): 384-386.
何勇凤, 朱永久, 龚进玲, 等, 2022. 金沙江中下游圆口铜鱼遗传多样性与种群历史动态分析[J]. 水生生物学报, 46(1): 37-47.
贺刚, 何力, 许映芳, 等, 2008. 湘西盲高原鳅种质特征的研究[J]. 淡水渔业(2): 64-67.
胡淑琴, 赵尔宓, 刘承钊, 1973. 贵州省两栖爬行动物调查及区系分析[J]. 动物学报, 19(2): 149-181.
黄松, 2021. 中国蛇类图鉴[M]. 福州: 海峡书局.
黄松, 李登江, 王泽文, 2020. 雷公山自然保护区鸟类新记录: 褐耳鹰和凤头鹰[J]. 农技服务, 37(8): 77-78.
黄小龙, 冉景丞, 杨洋, 等, 2016. 贵州月亮山自然保护区兽类资源调查[J]. 贵州农业科学, 44(2): 103-106+110.
蒋志刚, 江建平, 王跃招, 等, 2016. 中国脊椎动物红色名录[J]. 生物多样性, 24(5): 501-551+615.
蓝永保, 覃旭传, 蓝家湖, 等, 2017. 广西金线鲃属鱼类一新种记述[J]. 信阳师范学院学报(自然科学版), 30(1): 97-101.
乐佩琦, 陈宜瑜, 1998. 中国濒危动物红皮书: 鱼类[M]. 北京: 科学技术出版社.
雷伟, 李玉春, 2008. 水獭的研究与保护现状[J]. 生物学杂志(1): 47-50.
黎平, 2017. 贵州国家重点保护野生动物手册[M]. 贵阳: 贵州科技出版社.
李光容, 粟海军, 李继祥, 等, 2016. 贵州省宽阔水发现褐头鸫[J]. 动物学杂志, 51(6): 992.
李林芝, 陈浒, 王存璐, 等, 2020. 贵州疣螈栖息地水质评价[J]. 生态学杂志, 39(8): 2636-2645.
李倩, 2013. 长江上游保护区干流鱼类栖息地地貌及水文特征研究[D]. 北京: 中国水利水电科学研究院.
李珊, 余科, 安苗, 等, 2020. 贵州省凤冈县万佛山自然保护区鱼类调查与评价[J]. 贵州畜牧兽医, 44(1): 20-24.
李仕泽, 徐宁, 刘京, 等, 2020. 贵州省两栖动物名录修订[J]. 四川动物, 39(6): 694-710.
李思忠, 1987. 中国鲟形目鱼类地理分布的研究[J]. 动物学杂志, 22(4): 35-40.
李松, 田应洲, 谷晓明, 2010. 拟小鲵属(有尾目, 小鲵科)一新种[J]. 动物分类学报, 35(2): 407-412.
李松, 田应洲, 谷晓明, 等, 2008. 瘰螈属一新种: 龙里瘰螈(有尾目: 蝾螈科)[J]. 动物学研究, 29(3): 313-317.
李维贤, 1985. 云南金线鲃属*Sinocyclocheilus*鱼类四新种: 鲤形目: 鲤科[J]. 动物学研究, 6(4): 423-427.

李维贤, 1992. 金线鲃属三新种记述[J]. 水生生物学报, 16(1): 57-61.
李维贤, 冉景承, 陈会明, 2003. 贵州洞穴金线鲃一新种及其性状的适应性[J]. 吉首大学学报(自然科学版), 24(4): 61-63.
李小海, 谢镇国, 余永富, 等, 2014. 雷公山自然保护区生物物种新记录[J]. 农技服务, 31(6): 224+227.
李子忠, 2011. 贵州野生动物名录[M]. 贵阳: 贵州科技出版社.
梁银铨, 梁友光, 胡小建, 等, 2000. 长薄鳅的生物学研究概况[J]. 水利渔业(5): 4-5+42.
刘红萍, 周波, 2018. 圆口铜鱼的生物学研究现状、问题与对策[J]. 植物医生, 31(1): 37-38.
刘红艳, 熊飞, 宋丽香, 2017. 长江上游特有鱼类红唇薄鳅微卫星DNA分离及序列特征分析[J]. 江西农业大学学报, 39(1): 145-152.
刘健昕, 张志勇, 张著平, 等, 2009. 极度濒危的洞栖蛙类: 务川臭蛙的生境和现状初报[J]. 生物学通报, 44(5): 14-16+63.
刘军, 2004. 长江上游特有鱼类受威胁及优先保护顺序的定量分析[J]. 中国环境科学, 24(4): 395-399.
刘阳, 陈水华, 2021. 中国鸟类观察手册[M]. 长沙: 湖南科学技术出版社.
陆雄, 1998. 贵州省南部眼镜王蛇生活习性观察[J]. 蛇志(4): 48.
罗蓉, 谢家骅, 辜永河, 等, 1993. 贵州兽类志[M]. 贵阳: 贵州科技出版社.
吕克强, 1980. 贵阳地区鱼类调查报告[J]. 贵州农业科学(6): 58-61.
穆君, 王娇娇, 胡灿实, 等, 2018. 贵州习水发现鹰雕[J]. 动物学杂志, 53(4): 527+553.
穆君, 王娇娇, 张雷, 等, 2019. 贵州习水国家级自然保护区红外相机鸟兽监测及活动节律分析[J]. 生物多样性, 27(6): 683-688.
聂帅国, 向左甫, 李明, 2009. 黔金丝猴食性及社会结构的初步研究[J]. 兽类学报, 29(3): 326-331.
潘启赫, 王永兴, 闫坤, 2007. 中国哺乳动物野外指南[M]. 北京: 中国林业出版社.
潘清华, 王应祥, 岩崑, 2007. 中国哺乳动物彩色图鉴[M]. 北京: 中国林业出版社.
潜祖琪, 童雪松, 1999. 黑紫蛱蝶生物学特性的研究[J]. 华东昆虫学报(1): 62-65.
邱阳, 崔本杰, 敖飞成, 等, 2009. 褐头鹎巢址选择和活动区的初步研究[J]. 四川动物, 28(4): 572-574.
曲利明, 2013. 中国鸟类图鉴[M]. 福建: 海峡书局.
全国强, 谢家骅, 2002. 金丝猴研究[M]. 上海: 上海科技教育出版社: 198.
冉景丞, 2000. 荔波洞穴鱼类初步研究[J]. 中国岩溶, 19(4): 327-332.
冉景丞, 陈会明, 熊志斌, 2003. 贵州茂兰国家级自然保护区鸟类调查[J]. 贵州林业科技(3): 26-33.
冉景丞, 罗杨, 罗洪章, 等. 贵州习水国家级自然保护区脊椎动物区系初报[J]. 动物学杂志, 2002, 37(1): 45-50.
申绍祎, 田辉伍, 汪登强, 等, 2017. 长江上游特有鱼类红唇薄鳅线粒体控制区遗传多样性研究[J]. 淡水渔业, 47(4): 83-90.

盛和林, 2005. 中国哺乳动物图鉴[M]. 河南: 河南科学技术出版社.
盛和林, 陆厚基, 1985. 我国亚热带和热带地区的鹿科动物资源[J]. 华东师范大学学报（自然科学版）(1): 96-104.
施白南, 1980. 岩原鲤的生活习性及其资源保护[J]. 西南师范学院学报(自然科学版)(2): 93-103.
石琼, 范明君, 张勇, 2015. 中国经济鱼类志[M]. 武汉: 华中科技大学出版社.
史军义, 武春生, 周德群, 等, 2015. 中国珍稀蝶类保护研究[M]. 北京: 科学出版社.
粟海军, 李光容, 陈光平, 等, 2018. 贵州宽阔水自然保护区野生动物红外相机调查初报[J]. 兽类学报, 38(2): 221-229.
粟通萍, 霍娟, 杨灿朝, 等, 2014. 中杜鹃在3种宿主巢中寄生繁殖[J]. 动物学杂志, 49(4): 505-510.
孙大东, 杜军, 周剑, 等, 2010. 长薄鳅研究现状及保护对策[J]. 四川环境, 29(6): 98-101.
田应洲, 1998. 贵州六盘水地区发现白腹鹞[J]. 四川动物, 17(3): 21.
田应洲, 谷晓明, 孙爱群, 等, 1998. 贵州省拟小鲵属(有尾目: 小鲵科)一新种: 水城拟小鲵[J]. 六盘水师范高等专科学校学报(4): 7-13.
田应洲, 李松, 谷晓明, 2006. 拟小鲵属(有尾目: 小鲵科)一新种: 水城拟小鲵[J]. 动物学报, 52(3): 522-527.
田应洲, 孙爱群, 1995. 中国角蟾属一新种的描述: 两栖纲, 锄足蟾科[J]. 六盘水师范高等专科学校学报(4): 11-15.
田应洲, 孙爱群, 李松, 1998. 贵州疣螈繁殖生态的研究[J]. 四川动物, 17(2): 60-64.
汪松, 1998. 中国濒危动物红皮书: 兽类[M]. 北京: 科学出版社.
汪松, 2009. 中国物种红色名录: 第二卷: 脊椎动物: 上册[M]. 北京: 高等教育出版社.
王超, 田应洲, 谷晓明, 2013. 瘰螈属(有尾目, 蝾螈科)一新种[J]. 动物分类学报, 38(2): 388-397.
王崇, 谢山, 王进国, 等, 2014. 红水河龙滩水库鱼类资源调查[J]. 水生态学杂志, 35(2): 39-48.
王崇, 谢山, 谢文星, 等, 2015. 红水河干流梯级运行后鱼类资源调查[J]. 淡水渔业, 45(2): 30-36.
王大忠, 陈宜瑜, 1989. 贵州鲤科Cyprinidae鱼类三新种: 鲤形目[J]. 遵义医学院学报, 12(4): 29-34.
王大忠, 黄跃, 廖吉文, 等, 1995. 驼背鲃属*Gibbibarbus* Dai分类位置的订正: 鲤形目: 鲤科[J]. 遵义医学院学报, 18(3): 166-168.
王大忠, 廖吉文, 1997. 贵州金线鲃属鱼类一新种: 鲤形目: 鲤科: 鲃亚科[J]. 遵义医学院学报, 20(2/3): 1-3.
吴金明, 赵海涛, 苗志国, 等, 2010. 赤水河鱼类资源的现状与保护[J]. 生物多样性, 18(2): 162-168.
吴至康, 1986. 贵州鸟类志[M]. 贵阳: 贵州人民出版社.
伍律, 1987. 贵州两栖类志[M]. 贵阳: 贵州人民出版社.
伍律, 1989. 贵州鱼类志[M]. 贵阳: 贵州人民出版社.
伍律, 李德俊, 刘积琛, 1985. 贵州爬行类志[M]. 贵阳: 贵州人民出版社.
伍献文, 杨干荣, 乐佩琦, 等, 1979. 中国经济动物志 淡水鱼类[M]. 2版. 北京：科学出版社.
武春生, 徐堉峰, 2017. 中国蝴蝶图鉴[M]. 福州: 海峡书局.

夏武平, 1988. 中国动物图谱: 兽类[M]. 北京: 科学出版社.
肖琼, 杨志, 唐会元, 等, 2015. 乌江下游干流鱼类物种多样性及其资源保护[J]. 生物多样性, 23(4): 499-506.
谢仲屏, 1963. 中国经济动物志: 淡水鱼类[M]. 北京: 科学出版社.
熊美华, 邵科, 李伟涛, 等, 2023. 圆口铜鱼资源变化及物种保护研究进展[J]. 人民长江, 54(3): 63-71.
熊志斌, 冉景丞, 陈会明, 等, 2000. 蛇雕繁殖生态的初步观察[J]. 动物学研究, 21(1): 92-93.
徐宁, 曾晓茂, 傅金钟, 2007. 中国拟小鲵属(有尾目, 小鲵科)一新种记述[J]. 动物分类学报, 32(1): 230-233.
岩崑, 孟宪林, 2006. 中国兽类识别手册[M]. 北京: 中国林业出版社.
岩崑, 杨奇森, 2007. 中国兽类彩色图谱[M]. 北京: 科学出版社.
阳建春, 周永富, 饶军华, 等, 1998. 山瑞鳖生物学研究[J]. 动物学研究, 19(6): 82-84.
杨朝辉, 李光容, 张明明, 等, 2019. 贵州黄牯山自然保护区兽类多样性及特征分析[J]. 南方农业学报, 50(11): 2567-2575.
杨岚, 杨晓君, 2004. 云南鸟类志: 下卷[M]. 昆明: 云南科技出版社.
杨莉, 龚大洁, 牟迈, 2008. 中国小鲵科(两栖纲: 有尾目)研究现状与资源保护[J]. 生态学杂志, 27(1): 111-116.
杨奇森, 岩崑, 2007. 中国兽类彩色图谱[M]. 北京: 科学出版社.
杨天友, 2020. 贵州省哺乳动物名录更新[J]. 动物学杂志, 55(5): 655-669.
杨雄威, 吴安康, 邹启先, 等, 2020. 贵州麻阳河国家级自然保护区红外相机鸟兽监测[J]. 生物多样性, 28(2): 219-225.
杨业勤, 雷孝平, 杨传东, 等, 2002. 梵净山研究: 黔金丝猴的野外生态[M]. 贵阳: 贵州省科技出版社.
杨志, 唐会元, 龚云, 等, 2018. 产卵迁徙对金沙江黑水河下游鱼类群聚结构变动的影响[J]. 湖泊科学, 30(3): 753-762.
喻理飞, 陈光平, 余登利, 等, 2018. 贵州宽阔水国家级自然保护区生物多样性研究[M]. 北京: 中国林业出版社.
约翰 · 马敬能, 卡伦 · 菲利普斯, 何芬奇. 中国鸟类野外手册[M]. 长沙: 湖南教育出版社, 2000.
张春光, 戴定远, 1992. 中国金线鲃属一新种: 季氏金线鲃(鲤形目: 鲤科: 鲃亚科)[J]. 动物分类学报, 17(3): 377-380.
张春光, 赵亚辉, 2016. 中国内陆鱼类物种与分布[M]. 北京: 科学出版社.
张汾, 李友邦, 2017. 我国睑虎属的分类和保护研究进展[J]. 安徽农业科学, 45(1): 1-3+7.
张海波, 粟海军, 刘文, 等, 2014. 草海国家级自然保护区冬季主要水鸟群落结构与生境的关系[J]. 生态与农村环境学报, 30(5): 601-607.
张海波, 孙喜娇, 李光容, 等, 2020. 贵阳阿哈湖国家湿地公园鸟类群落多样性分析[J]. 野生动物学报, 41(3): 626-640.
张荣祖, 1997. 中国哺乳动物分布[M]. 北京: 中国林业出版社.
张树舜, 张淑兰, 1990. 长耳鸮食性的初步分析[J]. 动物学杂志, 25(5): 23.
赵尔宓, 2006. 中国蛇类[M]. 合肥: 安徽科学技术出版社.
赵亚辉, 张春光, 2009. 中国特有金线鲃属鱼类: 物种多样性、洞穴适应、系统演化和动物地理[M]. 北京: 科学出版社.
赵正阶, 2001. 中国鸟类志[M]. 吉林: 吉林科学技术出版社.
郑慈英, 谢家骅, 1985. 中国异鳞属一新种[C]// 鱼类学论文集: 第4辑. 北京: 科学出版社: 123-126.
郑光美, 2023. 中国鸟类分类与分布名录[M]. 4版. 北京: 科学出版社.
郑建州, 汪健, 1990. 金线鲃属鱼类一新种: 鲤形目, 鲤科[J]. 动物分类学报, 15(2): 251-254.
郑作新, 1976. 中国鸟类分布名录[M]. 2版. 北京: 科学出版社.
郑作新, 谭耀匡, 王子玉, 等, 1965. 我国西南鸟类新记录[J]. 动物学杂志(1):11-13+4.
中国科学院中国动物志编辑委员会, 1982. 中国动物志: 鸟纲: 雀形目山雀科, 绣眼鸟科[M]. 北京: 科学出版社.
中国科学院中国动物志编辑委员会, 1987. 中国动物志: 兽纲: 食肉目[M]. 北京: 科学出版社.
中国科学院中国动物志编辑委员会, 1998. 中国动物志: 鸟纲: 雀形目文鸟科, 雀科[M]. 北京: 科学出版社: 131-133.
中国科学院中国动物志编辑委员会, 1998. 中国动物志: 爬行纲: 总论, 龟鳖目,鳄形目[M]. 北京: 科学出版社.
中国科学院中国动物志编辑委员会, 1998. 中国动物志: 硬骨鱼纲: 鲤形目: 中[M]. 北京: 科学出版社.
中国科学院中国动物志编辑委员会, 1999. 中国动物志: 爬行纲[M]. 北京: 科学出版社.
中国科学院中国动物志编辑委员会, 1999. 中国动物志: 硬骨鱼纲: 鲇形目[M]. 北京: 科学出版社.
中国科学院中国动物志编辑委员会, 2000. 中国动物志: 硬骨鱼纲: 鲤形目: 下[M]. 北京: 科学出版社.
中国科学院中国动物志编辑委员会, 2001. 中国动物志: 硬骨鱼纲: 鲟形目, 海鲢目, 鲱形目, 鼠鱚目[M]. 北京: 科学出版社.
中国科学院中国动物志编辑委员会, 2003. 中国动物志: 鸟纲: 夜鹰目, 雨燕目, 咬鹃目, 佛法僧目, 鴷形目 [M]. 北京: 科学出版社.
中国科学院中国动物志编辑委员会, 2006. 中国动物志: 两栖纲: 上卷[M]. 北京: 科学出版社.
中国科学院中国动物志编辑委员会, 2006. 中国动物志: 鸟纲: 鹤形目, 鸻形目, 鸥形目[M]. 北京: 科学出版社.
中国科学院中国动物志编辑委员会, 2009. 中国动物志: 两栖纲: 中卷[M]. 北京: 科学出版社.
中国科学院中国动物志编辑委员会, 2010. 中国动物志: 硬骨鱼纲: 鳗鲡目, 背棘鱼目[M]. 北京: 科学出版社.

中国科学院中国动物志编辑委员会, 2011. 中国动物志: 昆虫纲[M]. 北京: 科学出版社.

中国野生动物保护协会, 2002. 中国爬行动物图鉴[M]. 郑州: 河南科学技术出版社.

周江, 2019. 贵州南部及西南部典型洞穴鱼类物种多样性研究[J]. 贵州师范大学学报(自然科学版), 37(2): 1-15.

周江, 侯秀发, 李显周, 等, 2009. 贵州荔波8种金线鲃对环境的适应性特征[J]. 贵州师范大学学报(自然科学版), 27(3): 1-8.

周江, 李显周, 侯秀发, 等, 2009. 贵州金线鲃属鱼类一新种记述: 鲤形目, 鲤科[J]. 四川动物, 28(3): 321-323+482.

周江, 刘倩, 王海霞, 等, 2011. 贵州金线鲃属鱼类一新种记述: 鲤形目, 鲤科[J]. 四川动物, 30(3): 387-389+494.

周尧, 2000. 中国蝶类志: 上册[M]. 郑州: 河南科学技术出版社.

周毅, 冉景丞, 杨卫诚, 等, 2020. 贵州黑颈长尾雉对夜栖地的选择研究[J]. 野生动物学报, 41(4): 951-959.

朱其广, 唐会元, 林晖, 等, 2021. 金沙江中下游细鳞裂腹鱼的年龄生长及种群动态[J]. 水生态学杂志, 42(2): 56-63.

SIMTH A T, 解焱, 2009. 中国兽类野外手册[M]. 长沙: 湖南教育出版社.

BRAZIL M, 2009. Birds of East Asia: China, Taiwan, Korea, Japan, and Russia[M]. London: Christopher Helm Press.

CHEN Y Y, 1998. Fauna sinica (Osteichthyes) Cypriniformes[M]. Beijing: Science Press.

COLLAR N J, 2005. Handbook of the birds of the world, Vol. 10. Cuckoo-shrikes to thrushes[M]. Barcelona: Lynx Editions.

DEI HOVO J, ELLIOTT A, SARGATAL J, 1992. Handbook of the birds of the world, Vol. 1. Ostrich to ducks[M]. Barcelona: Lynx Editions.

DEL HOYO J, COLLAR N J, 2014. HBW and birdlife international illustrated checklist of the birds of the world, Vol. 1[M]. Barcelona: Lynx Edicions.

DEL HOYO J, ELLIOTT A, CHRISTIE D, 2007. Handbook of the birds of the world. Vol. 12. Picathartes to tits and chickadees[M]. Barcelona: Lynx Edicions.

DEL HOYO J, ELLIOTT A, SARGATAL J, 1994. Handbook of the birds of the world, Vol. 2. New world vultures to guineafowl[M]. Barcelona: Lynx Editions.

DEL HOYO J, ELLIOTT A, SARGATAL J, 1997. Handbook of the birds of the world, Vol. 4. Sandgrouse to cuckoos[M]. Barcelona: Lynx Edicions.

DENG W H, GAO W, ZHENG G M, 2003. Nest and roost habitat characteristics of the grey-faced buzzard in northeastern China[J]. Journal of Raptor Research, 37(3): 228-235.

FEI L, YE C Y, 2017. Amphibians of China, Vol. 1[M]. Beijing: Science Press.

FERGUSON-LEES J, CHRISTIE D, 2006. Raptors of the world[M]. Princeton: Princeton

University Press.
GU X M, CHEN R R, TIAN Y Z, et al., 2012. A new species of *Paramesotriton* (Caudata: Salamand ridae) from Guizhou Province, China[J]. *Zootaxa*, 3510(3510): 41-52.
HU J Y, ZHANG Z B, WEI Q W, et al., 2009. Malformations of the endangered Chinese sturgeon, *Acipenser sinensis*, and its causal agent[J]. PNAS, 106(23): 9339-9344.
HUANG J Q, GLUESENKAMP A, FENOLIO D, et al., 2017. Neotype designation and redescription of *Sinocyclocheilus cyphotergous* (Dai) 1988, a rare and bizarre cavefish species distributed in China (Cypriniformes:Cyprinidae)[J]. Environmental Biology of Fishes, 100(11): 1483-1488.
JACOBY D M P, CASSELMAN J M, CROOK V, et al., 2015. Synergistic patterns of threat and the challenges facing global anguillid eel conservation[J]. Global Ecology and Conservation, 4: 321-333.
JIANG A W, CHENG Z Y, LIANG X T, 2012. Discovery of Hume's pheasant (*Syrmaticus humiae*) in Guizhou Province, southwestern China[J]. Chinese Birds, 3(2): 143-146.
JOHNSGARD P A, 1981. The plovers, sandpipers and snipes of the world[M]. Lincoln: University of Nebraska Press.
KEAR J, 2005. Ducks, geese and swans[M]. Oxford: Oxford University Press.
KOTTELAT M, 1983. Status of Luciocyprinus and Fustis (Osteichthyes: Cyprinidae)[J]. Zoological Research, 4(4): 383-387.
LAU W-N M, FELLOWES J R, CHAN P L B, 2010. Carnivores (Mammalia: Carnivora) in south China: A status review with notes on the commercial trade[J]. Mammal Review, 40: 247-292.
Li B G, Li M, Li J H, et al., 2018. The primate extinction crisis in China: immediate challenges and a way forward[J]. Biodiversity and conservation, 27: 3301-3327.
LI F S, WU J D, HARRIS J, et al., 2012. Number and distribution of cranes wintering at Poyang Lake, China during 2011-2012[J]. Chinese Birds, 3(3): 180-190.
LIU P Q, LI F, SONG H D, et al., 2010. A survey to the distribution of the scaly-sided merganser (*Mergus squamatus*) in Changbai Mountain range (China side)[J]. Chinese Birds, 1(2): 148-155.
LIU T, DENG H Q, MA L, et al., 2018. *Sinocyclocheilus zhenfengensis*, a new cyprinid species (Pisces: Teleostei) from Guizhou province, southwest China[J]. Journal of Applied Ichthyology, 34: 945-953.
MADGE S, MCGOWAN P, 2002. Pheasants, partridges and grouse[M]. Princeton: Princeton University Press.
MEINE C, ARCHIBALD G, 1996. The cranes: status survey and conservation action plan[M]. Gland: IUCN.
NORRIS K, PAIN D J, 2002. Conserving bird biodiversity: general principles and their application[M]. London: Cambridge University Press.

ROBSON C, 2009. A field guide to the birds of south-east Asia[M]. London: New Holland Publishers.

SUNG Y H, TSE I W L, YU Y T, 2018. Population trends of the Black-faced spoonbill *Platalea minor*: analysis of data from international synchronized censuses[J]. Bird Conservation International, 28(1): 157-167.

SYMES C T, WOODBORNE S, 2010. Migratory connectivity and conservation of the amur falcon *Falco amurensis*: a stable isotope perspective[J]. Bird Conservation International, 20(2): 134-148.

WANG B, NISHIKAWA K, MATSUI M, et al., 2018. Phylogenetic surveys on the newt genus *Tylototriton sensu lato* (Salamandridae, Caudata) reveal cryptic diversity and novel diversification promoted by historical climatic shifts[J]. PeerJ, 6: e4384.

WANG T, GAO X, WANG J, et al., 2015. Life history traits and implications for conservation of rock carp *Procypris rabaudi* Tchang, an endemic fish in the upper Yangtze River, China[J]. Fisheries Science, 81(3): 515-523.

WANG X, BARTER M, CAO L, et al., 2012. Serious contractions in wintering distribution and decline in abundance of Baer's pochard *Aythya baeri*[J]. Bird Conservation International, 22(2): 121-127.

WANG Y Y, YANG J H, GRISMER L L, 2013. A new species of the genus *Goniurosaurus* is described from libo county, Guizhou Province, China[J]. Herpetologica, 69(2): 214-226.

WEI F W, FENG Z J, WANG Z W, et al., 1999. Current distribution, status and conservation of wild Red pandas, *Ailurus fulgens* in China[J]. Biological Conservation, 89(3): 285-291.

WEI G, XIONG J L, HOU M, et al., 2009. A new species of hynobiid salamander (Urodela: Hynobiidae: *Pseudohynobius*) from southwestern China[J]. Zootaxa, 2149: 62-68.

WU S B, SUN N C M, ZHANG F H, et al., 2020. Chinese pangolin *Manis pentadactyla* (Linnaeus, 1758)[M]// CHALLENDER D W S, NASH H C, WATERMAN C. Pangolins: Science, Society and Conservation. ELSEVIER: Academic Press: 49-70.

XIANG Z F, NIE S G, LEI X P, et al., 2009. Current status and conservation of the gray snub-nosed monkey *Rhinopithecus brelichi* (Colobinae) in Guizhou, China[J]. Biological Conservation, 142(3): 469-476.

YU K, WANG Y C, AN M, et al., 2021. The complete mitochondrial genome sequence and phylogenetic position of *Sinocyclocheilus xiaotunensis* (Cypriniformes: Cyprinidae)[J]. Mitochondrial DNA. Part B, Resources, 6(5): 1608-1611.

ZHANG H, WEI Q W, DU H, et al., 2009. Is there evidence that the Chinese paddlefish (*Psephurus gladius*) still survives in the upper Yangtze River? Concerns inferred from hydroacoustic and capture surveys, 2006-2008[J]. Journal of Applied Ichthyology, 25(2): 95-99.

ZHANG L L, ZHOU L Z, DAI Y L, 2012. Genetic structure of wintering hooded cranes (*Grus *monacha*) based on mitochondrial DNA d-loop sequences[J]. Chinese Birds, 3(2): 71-81.

ZHANG Z J, WEI F W, LI M, et al., 2004. Microhabitat separation during winter among sympatric giant pandas, red pandas, and tufted deer: the effects of diet, body size, and energy metabolism[J]. Canadian Journal of Zoology, 82: 1451-1458.

国家重点保护野生动物名录

［国家林业和草原局 农业农村部公告（2021年第3号）］

中文名	学名	保护级别		备注
脊索动物门 CHORDATA				
哺乳纲 MAMMALIA				
灵长目 PRIMATES				
懒猴科 Lorisidae				
蜂猴	*Nycticebus bengalensis*	一级		
倭蜂猴	*Nycticebus pygmaeus*	一级		
猴科 Cercopithecidae				
短尾猴	*Macaca arctoides*		二级	
熊猴	*Macaca assamensis*		二级	
台湾猴	*Macaca cyclopis*	一级		
北豚尾猴	*Macaca leonina*	一级		原名“豚尾猴”
白颊猕猴	*Macaca leucogenys*		二级	
猕猴	*Macaca mulatta*		二级	
藏南猕猴	*Macaca munzala*		二级	
藏酋猴	*Macaca thibetana*		二级	
喜山长尾叶猴	*Semnopithecus schistaceus*	一级		
印支灰叶猴	*Trachypithecus crepusculus*	一级		
黑叶猴	*Trachypithecus francoisi*	一级		
菲氏叶猴	*Trachypithecus phayrei*	一级		
戴帽叶猴	*Trachypithecus pileatus*	一级		

（续表）

中文名	学名	保护级别		备注
白头叶猴	*Trachypithecus leucocephalus*	一级		
肖氏乌叶猴	*Trachypithecus shortridgei*	一级		
滇金丝猴	*Rhinopithecus bieti*	一级		
黔金丝猴	*Rhinopithecus brelichi*	一级		
川金丝猴	*Rhinopithecus roxellana*	一级		
怒江金丝猴	*Rhinopithecus strykeri*	一级		
长臂猿科 Hylobatidae				
西白眉长臂猿	*Hoolock hoolock*	一级		
东白眉长臂猿	*Hoolock leuconedys*	一级		
高黎贡白眉长臂猿	*Hoolock tianxing*	一级		
白掌长臂猿	*Hylobates lar*	一级		
西黑冠长臂猿	*Nomascus concolor*	一级		
东黑冠长臂猿	*Nomascus nasutus*	一级		
海南长臂猿	*Nomascus hainanus*	一级		
北白颊长臂猿	*Nomascus leucogenys*	一级		
鳞甲目 PHOLIDOTA				
鲮鲤科 Manidae				
印度穿山甲	*Manis crassicaudata*	一级		
马来穿山甲	*Manis javanica*	一级		
穿山甲	*Manis pentadactyla*	一级		
食肉目 CARNIVORA				
犬科 Canidae				
狼	*Canis lupus*		二级	
亚洲胡狼	*Canis aureus*		二级	
豺	*Cuon alpinus*	一级		
貉	*Nyctereutes procyonoides*		二级	仅限野外种群
沙狐	*Vulpes corsac*		二级	
藏狐	*Vulpes ferrilata*		二级	

（续表）

中文名	学名	保护级别		备注
赤狐	*Vulpes vulpes*		二级	
熊科 Ursidae				
懒熊	*Melursus ursinus*		二级	
马来熊	*Helarctos malayanus*	一级		
棕熊	*Ursus arctos*		二级	
黑熊	*Ursus thibetanus*		二级	
大熊猫科 Ailuropodidae				
大熊猫	*Ailuropoda melanoleuca*	一级		
小熊猫科 Ailuridae				
小熊猫	*Ailurus fulgens*		二级	
鼬科 Mustelidae				
黄喉貂	*Martes flavigula*		二级	
石貂	*Martes foina*		二级	
紫貂	*Martes zibellina*	一级		
貂熊	*Gulo gulo*	一级		
* 小爪水獭	*Aonyx cinerea*		二级	
* 水獭	*Lutra lutra*		二级	
* 江獭	*Lutrogale perspicillata*		二级	
灵猫科 Viverridae				
大斑灵猫	*Viverra megaspila*	一级		
大灵猫	*Viverra zibetha*	一级		
小灵猫	*Viverricula indica*	一级		
椰子猫	*Paradoxurus hermaphroditus*		二级	
熊狸	*Arctictis binturong*	一级		
小齿狸	*Arctogalidia trivirgata*	一级		
缟灵猫	*Chrotogale owstoni*	一级		
林狸科 Prionodontidae				
斑林狸	*Prionodon pardicolor*		二级	

（续表）

中文名	学名	保护级别		备注
猫科 Felidae				
荒漠猫	*Felis bieti*	一级		
丛林猫	*Felis chaus*	一级		
野猫	*Felis silvestris*		二级	原名“草原斑猫”
渔猫	*Felis viverrinus*		二级	
兔狲	*Otocolobus manul*		二级	
猞猁	*Lynx lynx*		二级	
云猫	*Pardofelis marmorata*		二级	
金猫	*Pardofelis temminckii*	一级		
豹猫	*Prionailurus bengalensis*		二级	
云豹	*Neofelis nebulosa*	一级		
豹	*Panthera pardus*	一级		
虎	*Panthera tigris*	一级		
雪豹	*Panthera uncia*	一级		
海狮科 Otariidae				
* 北海狗	*Callorhinus ursinus*		二级	
* 北海狮	*Eumetopias jubatus*		二级	
海豹科 Phocidae				
* 西太平洋斑海豹	*Phoca largha*	一级		原名“斑海豹”
* 髯海豹	*Erignathus barbatus*		二级	
* 环海豹	*Pusa hispida*		二级	
长鼻目 PROBOSCIDEA				
象科 Elephantidae				
亚洲象	*Elephas maximus*	一级		
奇蹄目 PERISSODACTYLA				
马科 Equidae				
普氏野马	*Equus ferus*	一级		原名“野马”
蒙古野驴	*Equus hemionus*	一级		

（续表）

中文名	学名	保护级别		备注
藏野驴	*Equus kiang*	一级		原名“西藏野驴”
偶蹄目 ARTIODACTYLA				
骆驼科 Camelidae（原名“驼科”）				
野骆驼	*Camelus ferus*	一级		
鼷鹿科 Tragulidae				
威氏鼷鹿	*Tragulus williamsoni*	一级		原名“鼷鹿”
麝科 Moschidae				
安徽麝	*Moschus anhuiensis*	一级		
林麝	*Moschus berezovskii*	一级		
马麝	*Moschus chrysogaster*	一级		
黑麝	*Moschus fuscus*	一级		
喜马拉雅麝	*Moschus leucogaster*	一级		
原麝	*Moschus moschiferus*	一级		
鹿科 Cervidae				
獐	*Hydropotes inermis*		二级	原名“河麂”
黑麂	*Muntiacus crinifrons*	一级		
贡山麂	*Muntiacus gongshanensis*		二级	
海南麂	*Muntiacus nigripes*		二级	
豚鹿	*Axis porcinus*	一级		
水鹿	*Cervus equinus*		二级	
梅花鹿	*Cervus nippon*	一级		仅限野外种群
马鹿	*Cervus canadensis*		二级	仅限野外种群
西藏马鹿（包括白臀鹿）	*Cervus wallichii(C. w. macneilli)*	一级		
塔里木马鹿	*Cervus yarkandensis*	一级		仅限野外种群
坡鹿	*Panolia siamensis*	一级		
白唇鹿	*Przewalskium albirostris*	一级		
麋鹿	*Elaphurus davidianus*	一级		
毛冠鹿	*Elaphodus cephalophus*		二级	

（续表）

中文名	学名	保护级别		备注
驼鹿	*Alces alces*	一级		
牛科 Bovidae				
野牛	*Bos gaurus*	一级		
爪哇野牛	*Bos javanicus*	一级		
野牦牛	*Bos mutus*	一级		
蒙原羚	*Procapra gutturosa*	一级		原名“黄羊”
藏原羚	*Procapra picticaudata*		二级	
普氏原羚	*Procapra przewalskii*	一级		
鹅喉羚	*Gazella subgutturosa*		二级	
藏羚	*Pantholops hodgsonii*	一级		
高鼻羚羊	*Saiga tatarica*	一级		
秦岭羚牛	*Budorcas bedfordi*	一级		
四川羚牛	*Budorcas tibetanus*	一级		
不丹羚牛	*Budorcas whitei*	一级		
贡山羚牛	*Budorcas taxicolor*	一级		原名“扭角羚”
赤斑羚	*Naemorhedus baileyi*	一级		
长尾斑羚	*Naemorhedus caudatus*		二级	
缅甸斑羚	*Naemorhedus evansi*		二级	
喜马拉雅斑羚	*Naemorhedus goral*	一级		原名“斑羚”
中华斑羚	*Naemorhedus griseus*		二级	
塔尔羊	*Hemitragus jemlahicus*	一级		
北山羊	*Capra sibirica*		二级	
岩羊	*Pseudois nayaur*		二级	
阿尔泰盘羊	*Ovis ammon*		二级	原名“盘羊”
哈萨克盘羊	*Ovis collium*		二级	
戈壁盘羊	*Ovis darwini*		二级	
西藏盘羊	*Ovis hodgsoni*	一级		
天山盘羊	*Ovis karelini*		二级	

（续表）

中文名	学名	保护级别		备注
帕米尔盘羊	*Ovis polii*		二级	
中华鬣羚	*Capricornis milneedwardsii*		二级	原名“鬣羚”
红鬣羚	*Capricornis rubidus*		二级	
台湾鬣羚	*Capricornis swinhoei*	一级		
喜马拉雅鬣羚	*Capricornis thar*	一级		
啮齿目 RODENTIA				
河狸科 Castoridae				
河狸	*Castor fiber*	一级		
松鼠科 Sciuridae				
巨松鼠	*Ratufa bicolor*		二级	
兔形目 LAGOMORPHA				
鼠兔科 Ochotonidae				
贺兰山鼠兔	*Ochotona argentata*		二级	
伊犁鼠兔	*Ochotona iliensis*		二级	
兔科 Leporidae				
粗毛兔	*Caprolagus hispidus*		二级	
海南兔	*Lepus hainanus*		二级	
雪兔	*Lepus timidus*		二级	
塔里木兔	*Lepus yarkandensis*		二级	
海牛目 SIRENIA				
儒艮科 Dugongidae				
* 儒艮	*Dugong dugon*	一级		
鲸目 CETACEA				
露脊鲸科 Balaenidae				
* 北太平洋露脊鲸	*Eubalaena japonica*	一级		
灰鲸科 Eschrichtiidae				
* 灰鲸	*Eschrichtius robustus*	一级		
须鲸科 Balaenopteridae				
* 蓝鲸	*Balaenoptera musculus*	一级		

（续表）

中文名	学名	保护级别		备注
* 小须鲸	*Balaenoptera acutorostrata*	一级		
* 塞鲸	*Balaenoptera borealis*	一级		
* 布氏鲸	*Balaenoptera edeni*	一级		
* 大村鲸	*Balaenoptera omurai*	一级		
* 长须鲸	*Balaenoptera physalus*	一级		
* 大翅鲸	*Megaptera novaeangliae*	一级		
白鱀豚科 Lipotidae				
* 白鱀豚	*Lipotes vexillifer*	一级		
恒河豚科 Platanistidae				
* 恒河豚	*Platanista gangetica*	一级		
海豚科 Delphinidae				
* 中华白海豚	*Sousa chinensis*	一级		
* 糙齿海豚	*Steno bredanensis*		二级	
* 热带点斑原海豚	*Stenella attenuata*		二级	
* 条纹原海豚	*Stenella coeruleoalba*		二级	
* 飞旋原海豚	*Stenella longirostris*		二级	
* 长喙真海豚	*Delphinus capensis*		二级	
* 真海豚	*Delphinus delphis*		二级	
* 印太瓶鼻海豚	*Tursiops aduncus*		二级	
* 瓶鼻海豚	*Tursiops truncatus*		二级	
* 弗氏海豚	*Lagenodelphis hosei*		二级	
* 里氏海豚	*Grampus griseus*		二级	
* 太平洋斑纹海豚	*Lagenorhynchus obliquidens*		二级	
* 瓜头鲸	*Peponocephala electra*		二级	
* 虎鲸	*Orcinus orca*		二级	
* 伪虎鲸	*Pseudorca crassidens*		二级	
* 小虎鲸	*Feresa attenuata*		二级	
* 短肢领航鲸	*Globicephala macrorhynchus*		二级	

（续表）

中文名	学名	保护级别		备注
鼠海豚科 Phocoenidae				
* 长江江豚	*Neophocaena asiaeorientalis*	一级		
* 东亚江豚	*Neophocaena sunameri*		二级	
* 印太江豚	*Neophocaena phocaenoid*		二级	
抹香鲸科 Physeteridae				
* 抹香鲸	*Physeter macrocephalus*	一级		
* 小抹香鲸	*Kogia breviceps*		二级	
* 侏抹香鲸	*Kogia sima*		二级	
喙鲸科 Ziphidae				
* 鹅喙鲸	*Ziphius cavirostris*		二级	
* 柏氏中喙鲸	*Mesoplodon densirostris*		二级	
* 银杏齿中喙鲸	*Mesoplodon ginkgodens*		二级	
* 小中喙鲸	*Mesoplodon peruvianus*		二级	
* 贝氏喙鲸	*Berardius bairdii*		二级	
* 朗氏喙鲸	*Indopacetus pacificus*		二级	
鸟纲 AVES				
鸡形目 GALLIFORMES				
雉科 Phasianidae				
环颈山鹧鸪	*Arborophila torqueola*		二级	
四川山鹧鸪	*Arborophila rufipectus*	一级		
红喉山鹧鸪	*Arborophila rufogularis*		二级	
白眉山鹧鸪	*Arborophila gingica*		二级	
白颊山鹧鸪	*Arborophila atrogularis*		二级	
褐胸山鹧鸪	*Arborophila brunneopectus*		二级	
红胸山鹧鸪	*Arborophila mandellii*		二级	
台湾山鹧鸪	*Arborophila crudigularis*		二级	
海南山鹧鸪	*Arborophila ardens*	一级		
绿脚树鹧鸪	*Tropicoperdix chloropus*		二级	

（续表）

中文名	学名	保护级别		备注
花尾榛鸡	*Tetrastes bonasia*		二级	
斑尾榛鸡	*Tetrastes sewerzowi*	一级		
镰翅鸡	*Falcipennis falcipennis*		二级	
松鸡	*Tetrao urogallus*		二级	
黑嘴松鸡	*Tetrao urogalloides*	一级		原名“细嘴松鸡”
黑琴鸡	*Lyrurus tetrix*	一级		
岩雷鸟	*Lagopus muta*		二级	
柳雷鸟	*Lagopus lagopus*		二级	
红喉雉鹑	*Tetraophasis obscurus*	一级		
黄喉雉鹑	*Tetraophasis szechenyii*	一级		
暗腹雪鸡	*Tetraogallus himalayensis*		二级	
藏雪鸡	*Tetraogallus tibetanus*		二级	
阿尔泰雪鸡	*Tetraogallus altaicus*		二级	
大石鸡	*Alectoris magna*		二级	
血雉	*Ithaginis cruentus*		二级	
黑头角雉	*Tragopan melanocephalus*	一级		
红胸角雉	*Tragopan satyra*	一级		
灰腹角雉	*Tragopan blythii*	一级		
红腹角雉	*Tragopan temminckii*		二级	
黄腹角雉	*Tragopan caboti*	一级		
勺鸡	*Pucrasia macrolopha*		二级	
棕尾虹雉	*Lophophorus impejanus*	一级		
白尾梢虹雉	*Lophophorus sclateri*	一级		
绿尾虹雉	*Lophophorus lhuysii*	一级		
红原鸡	*Gallus gallus*		二级	原名“原鸡”
黑鹇	*Lophura leucomelanos*		二级	
白鹇	*Lophura nycthemera*		二级	
蓝腹鹇	*Lophura swinhoii*	一级		原名“蓝鹇”

（续表）

中文名	学名	保护级别		备注
白马鸡	*Crossoptilon crossoptilon*		二级	
藏马鸡	*Crossoptilon harmani*		二级	
褐马鸡	*Crossoptilon mantchuricum*	一级		
蓝马鸡	*Crossoptilon auritum*		二级	
白颈长尾雉	*Syrmaticus ellioti*	一级		
黑颈长尾雉	*Syrmaticus humiae*	一级		
黑长尾雉	*Syrmaticus mikado*	一级		
白冠长尾雉	*Syrmaticus reevesii*	一级		
红腹锦鸡	*Chrysolophus pictus*		二级	
白腹锦鸡	*Chrysolophus amherstiae*		二级	
灰孔雀雉	*Polyplectron bicalcaratum*	一级		
海南孔雀雉	*Polyplectron katsumatae*	一级		
绿孔雀	*Pavo muticus*	一级		
雁形目 ANSERIFORMES				
鸭科 Anatidae				
栗树鸭	*Dendrocygna javanica*		二级	
鸿雁	*Anser cygnoid*		二级	
白额雁	*Anser albifrons*		二级	
小白额雁	*Anser erythropus*		二级	
红胸黑雁	*Branta ruficollis*		二级	
疣鼻天鹅	*Cygnus olor*		二级	
小天鹅	*Cygnus columbianus*		二级	
大天鹅	*Cygnus cygnus*		二级	
鸳鸯	*Aix galericulata*		二级	
棉凫	*Nettapus coromandelianus*		二级	
花脸鸭	*Sibirionetta formosa*		二级	
云石斑鸭	*Marmaronetta angustirostris*		二级	
青头潜鸭	*Aythya baeri*	一级		

（续表）

中文名	学名	保护级别		备注
斑头秋沙鸭	*Mergellus albellus*		二级	
中华秋沙鸭	*Mergus squamatus*	一级		
白头硬尾鸭	*Oxyura leucocephala*	一级		
白翅栖鸭	*Cairina scutulata*		二级	
䴙䴘目 PODICIPEDIFORMES				
䴙䴘科 Podicipedidae				
赤颈䴙䴘	*Podiceps grisegena*		二级	
角䴙䴘	*Podiceps auritus*		二级	
黑颈䴙䴘	*Podiceps nigricollis*		二级	
鸽形目 COLUMBIFORMES				
鸠鸽科 Columbidae				
中亚鸽	*Columba eversmanni*		二级	
斑尾林鸽	*Columba palumbus*		二级	
紫林鸽	*Columba punicea*		二级	
斑尾鹃鸠	*Macropygia unchall*		二级	
菲律宾鹃鸠	*Macropygia tenuirostris*		二级	
小鹃鸠	*Macropygia ruficeps*	一级		原名“棕头鹃鸠”
橙胸绿鸠	*Treron bicinctus*		二级	
灰头绿鸠	*Treron pompadora*		二级	
厚嘴绿鸠	*Treron curvirostra*		二级	
黄脚绿鸠	*Treron phoenicopterus*		二级	
针尾绿鸠	*Treron apicauda*		二级	
楔尾绿鸠	*Treron sphenurus*		二级	
红翅绿鸠	*Treron sieboldii*		二级	
红顶绿鸠	*Treron formosae*		二级	
黑颏果鸠	*Ptilinopus leclancheri*		二级	
绿皇鸠	*Ducula aenea*		二级	
山皇鸠	*Ducula badia*		二级	

（续表）

中文名	学名	保护级别		备注
沙鸡目 PTEROCLIFORMES				
沙鸡科 Pteroclidae				
黑腹沙鸡	*Pterocles orientalis*		二级	
夜鹰目 CAPRIMULGIFORMES				
蛙口夜鹰科 Podargidae				
黑顶蛙口夜鹰	*Batrachostomus hodgsoni*		二级	
凤头雨燕科 Hemiprocnidae				
凤头雨燕	*Hemiprocne coronata*		二级	
雨燕科 Apodidae				
爪哇金丝燕	*Aerodramus fuciphagus*		二级	
灰喉针尾雨燕	*Hirundapus cochinchinensis*		二级	
鹃形目 CUCULIFORMES				
杜鹃科 Cuculidae				
褐翅鸦鹃	*Centropus sinensis*		二级	
小鸦鹃	*Centropus bengalensis*		二级	
鸨形目 OTIDIFORMES				
鸨科 Otididae				
大鸨	*Otis tarda*	一级		
波斑鸨	*Chlamydotis macqueenii*	一级		
小鸨	*Tetrax tetrax*	一级		
鹤形目 GRUIFORMES				
秧鸡科 Rallidae				
花田鸡	*Coturnicops exquisitus*		二级	
长脚秧鸡	*Crex crex*		二级	
棕背田鸡	*Zapornia bicolor*		二级	
姬田鸡	*Zapornia parva*		二级	
斑胁田鸡	*Zapornia paykullii*		二级	
紫水鸡	*Porphyrio porphyrio*		二级	

（续表）

中文名	学名	保护级别		备注
鹤科 Gruidae				
白鹤	*Grus leucogeranus*	一级		
沙丘鹤	*Grus canadensis*		二级	
白枕鹤	*Grus vipio*	一级		
赤颈鹤	*Grus antigone*	一级		
蓑羽鹤	*Grus virgo*		二级	
丹顶鹤	*Grus japonensis*	一级		
灰鹤	*Grus grus*		二级	
白头鹤	*Grus monacha*	一级		
黑颈鹤	*Grus nigricollis*	一级		
鸻形目 CHARADRIIFORMES				
石鸻科 Burhinidae				
大石鸻	*Esacus recurvirostris*		二级	
鹮嘴鹬科 Ibidorhynchidae				
鹮嘴鹬	*Ibidorhyncha struthersii*		二级	
鸻科 Charadriidae				
黄颊麦鸡	*Vanellus gregarius*		二级	
水雉科 Jacanidae				
水雉	*Hydrophasianus chirurgus*		二级	
铜翅水雉	*Metopidius indicus*		二级	
鹬科 Scolopacidae				
林沙锥	*Gallinago nemoricola*		二级	
半蹼鹬	*Limnodromus semipalmatus*		二级	
小杓鹬	*Numenius minutus*		二级	
白腰杓鹬	*Numenius arquata*		二级	
大杓鹬	*Numenius madagascariensis*		二级	
小青脚鹬	*Tringa guttifer*	一级		
翻石鹬	*Arenaria interpres*		二级	

（续表）

中文名	学名	保护级别		备注
大滨鹬	*Calidris tenuirostris*		二级	
勺嘴鹬	*Calidris pygmeus*	一级		
阔嘴鹬	*Calidris falcinellus*		二级	
燕鸻科 Glareolidae				
灰燕鸻	*Glareola lactea*		二级	
鸥科 Laridae				
黑嘴鸥	*Saundersilarus saundersi*	一级		
小鸥	*Hydrocoloeus minutus*		二级	
遗鸥	*Ichthyaetus relictus*	一级		
大凤头燕鸥	*Thalasseus bergii*		二级	
中华凤头燕鸥	*Thalasseus bernsteini*	一级		原名“黑嘴端凤头燕鸥”
河燕鸥	*Sterna aurantia*	一级		原名“黄嘴河燕鸥”
黑腹燕鸥	*Sterna acuticauda*		二级	
黑浮鸥	*Chlidonias niger*		二级	
海雀科 Alcidae				
冠海雀	*Synthliboramphus wumizusume*		二级	
鹱形目 PROCELLARIIFORMES				
信天翁科 Diomedeidae				
黑脚信天翁	*Phoebastria nigripes*	一级		
短尾信天翁	*Phoebastria albatrus*	一级		
鹳形目 CICONIIFORMES				
鹳科 Ciconiidae				
彩鹳	*Mycteria leucocephala*	一级		
黑鹳	*Ciconia nigra*	一级		
白鹳	*Ciconia ciconia*	一级		
东方白鹳	*Ciconia boyciana*	一级		
秃鹳	*Leptoptilos javanicus*		二级	

（续表）

中文名	学名	保护级别		备注
鲣鸟目 SULIFORMES				
军舰鸟科 Fregatidae				
白腹军舰鸟	*Fregata andrewsi*	一级		
黑腹军舰鸟	*Fregata minor*		二级	
白斑军舰鸟	*Fregata ariel*		二级	
鲣鸟科 Sulidae				
蓝脸鲣鸟	*Sula dactylatra*		二级	
红脚鲣鸟	*Sula sula*		二级	
褐鲣鸟	*Sula leucogaster*		二级	
鸬鹚科 Phalacrocoracidae				
黑颈鸬鹚	*Microcarbo niger*		二级	
海鸬鹚	*Phalacrocorax pelagicus*		二级	
鹈形目 PELECANIFORMES				
鹮科 Threskiornithidae				
黑头白鹮	*Threskiornis melanocephalus*	一级		原名“白鹮”
白肩黑鹮	*Pseudibis davisoni*	一级		原名“黑鹮”
朱鹮	*Nipponia nippon*	一级		
彩鹮	*Plegadis falcinellus*	一级		
白琵鹭	*Platalea leucorodia*		二级	
黑脸琵鹭	*Platalea minor*	一级		
鹭科 Ardeidae				
小苇鳽	*Ixobrychus minutus*		二级	
海南鳽	*Gorsachius magnificus*	一级		原名“海南虎斑鳽”
栗头鳽	*Gorsachius goisagi*		二级	
黑冠鳽	*Gorsachius melanolophus*		二级	
白腹鹭	*Ardea insignis*	一级		
岩鹭	*Egretta sacra*		二级	
黄嘴白鹭	*Egretta eulophotes*	一级		

（续表）

中文名	学名	保护级别		备注
鹈鹕科 Pelecanidae				
白鹈鹕	*Pelecanus onocrotalus*	一级		
斑嘴鹈鹕	*Pelecanus philippensis*	一级		
卷羽鹈鹕	*Pelecanus crispus*	一级		
鹰形目 ACCIPITRIFORMES				
鹗科 Pandionidae				
鹗	*Pandion haliaetus*		二级	
鹰科 Accipitridae				
黑翅鸢	*Elanus caeruleus*		二级	
胡兀鹫	*Gypaetus barbatus*	一级		
白兀鹫	*Neophron percnopterus*		二级	
鹃头蜂鹰	*Pernis apivorus*		二级	
凤头蜂鹰	*Pernis ptilorhynchus*		二级	
褐冠鹃隼	*Aviceda jerdoni*		二级	
黑冠鹃隼	*Aviceda leuphotes*		二级	
兀鹫	*Gyps fulvus*		二级	
长嘴兀鹫	*Gyps indicus*		二级	
白背兀鹫	*Gyps bengalensis*	一级		原名“拟兀鹫”
高山兀鹫	*Gyps himalayensis*		二级	
黑兀鹫	*Sarcogyps calvus*	一级		
秃鹫	*Aegypius monachus*	一级		
蛇雕	*Spilornis cheela*		二级	
短趾雕	*Circaetus gallicus*		二级	
凤头鹰雕	*Nisaetus cirrhatus*		二级	
鹰雕	*Nisaetus nipalensis*		二级	
棕腹隼雕	*Lophotriorchis kienerii*		二级	
林雕	*Ictinaetus malaiensis*		二级	
乌雕	*Clanga clanga*	一级		

（续表）

中文名	学名	保护级别		备注
靴隼雕	*Hieraaetus pennatus*		二级	
草原雕	*Aquila nipalensis*	一级		
白肩雕	*Aquila heliaca*	一级		
金雕	*Aquila chrysaetos*	一级		
白腹隼雕	*Aquila fasciata*		二级	
凤头鹰	*Accipiter trivirgatus*		二级	
褐耳鹰	*Accipiter badius*		二级	
赤腹鹰	*Accipiter soloensis*		二级	
日本松雀鹰	*Accipiter gularis*		二级	
松雀鹰	*Accipiter virgatus*		二级	
雀鹰	*Accipiter nisus*		二级	
苍鹰	*Accipiter gentilis*		二级	
白头鹞	*Circus aeruginosus*		二级	
白腹鹞	*Circus spilonotus*		二级	
白尾鹞	*Circus cyaneus*		二级	
草原鹞	*Circus macrourus*		二级	
鹊鹞	*Circus melanoleucos*		二级	
乌灰鹞	*Circus pygargus*		二级	
黑鸢	*Milvus migrans*		二级	
栗鸢	*Haliastur indus*		二级	
白腹海雕	*Haliaeetus leucogaster*	一级		
玉带海雕	*Haliaeetus leucoryphus*	一级		
白尾海雕	*Haliaeetus albicilla*	一级		
虎头海雕	*Haliaeetus pelagicus*	一级		
渔雕	*Ichthyophaga humilis*		二级	
白眼鵟鹰	*Butastur teesa*		二级	
棕翅鵟鹰	*Butastur liventer*		二级	
灰脸鵟鹰	*Butastur indicus*		二级	

（续表）

中文名	学名	保护级别		备注
毛脚鵟	*Buteo lagopus*		二级	
大鵟	*Buteo hemilasius*		二级	
普通鵟	*Buteo japonicus*		二级	
喜山鵟	*Buteo refectus*		二级	
欧亚鵟	*Buteo buteo*		二级	
棕尾鵟	*Buteo rufinus*		二级	
鸮形目 STRIGIFORMES				
鸱鸮科 Strigidae				
黄嘴角鸮	*Otus spilocephalus*		二级	
领角鸮	*Otus lettia*		二级	
北领角鸮	*Otus semitorques*		二级	
纵纹角鸮	*Otus brucei*		二级	
西红角鸮	*Otus scops*		二级	
红角鸮	*Otus sunia*		二级	
优雅角鸮	*Otus elegans*		二级	
雪鸮	*Bubo scandiacus*		二级	
雕鸮	*Bubo bubo*		二级	
林雕鸮	*Bubo nipalensis*		二级	
毛腿雕鸮	*Bubo blakistoni*	一级		
褐渔鸮	*Ketupa zeylonensis*		二级	
黄腿渔鸮	*Ketupa flavipes*		二级	
褐林鸮	*Strix leptogrammica*		二级	
灰林鸮	*Strix aluco*		二级	
长尾林鸮	*Strix uralensis*		二级	
四川林鸮	*Strix davidi*	一级		
乌林鸮	*Strix nebulosa*		二级	
猛鸮	*Surnia ulula*		二级	
花头鸺鹠	*Glaucidium passerinum*		二级	

（续表）

中文名	学名	保护级别		备注
领鸺鹠	*Glaucidium brodiei*		二级	
斑头鸺鹠	*Glaucidium cuculoides*		二级	
纵纹腹小鸮	*Athene noctua*		二级	
横斑腹小鸮	*Athene brama*		二级	
鬼鸮	*Aegolius funereus*		二级	
鹰鸮	*Ninox scutulata*		二级	
日本鹰鸮	*Ninox japonica*		二级	
长耳鸮	*Asio otus*		二级	
短耳鸮	*Asio flammeus*		二级	
草鸮科 Tytonidae				
仓鸮	*Tyto alba*		二级	
草鸮	*Tyto longimembris*		二级	
栗鸮	*Phodilus badius*		二级	
咬鹃目 TROGONIFORMES				
咬鹃科 Trogonidae				
橙胸咬鹃	*Harpactes oreskios*		二级	
红头咬鹃	*Harpactes erythrocephalus*		二级	
红腹咬鹃	*Harpactes wardi*		二级	
犀鸟目 BUCEROTIFORMES				
犀鸟科 Bucerotidae				
白喉犀鸟	*Anorrhinus austeni*	一级		
冠斑犀鸟	*Anthracoceros albirostris*	一级		
双角犀鸟	*Buceros bicornis*	一级		
棕颈犀鸟	*Aceros nipalensis*	一级		
花冠皱盔犀鸟	*Rhyticeros undulatus*	一级		
佛法僧目 CORACIIFORMES				
蜂虎科 Meropidae				
赤须蜂虎	*Nyctyornis amictus*		二级	

（续表）

中文名	学名	保护级别		备注
蓝须蜂虎	*Nyctyornis athertoni*		二级	
绿喉蜂虎	*Merops orientalis*		二级	
蓝颊蜂虎	*Merops persicus*		二级	
栗喉蜂虎	*Merops philippinus*		二级	
彩虹蜂虎	*Merops ornatus*		二级	
蓝喉蜂虎	*Merops viridis*		二级	
栗头蜂虎	*Merops leschenaultia*		二级	原名“黑胸蜂虎”
翠鸟科 Alcedinidae				
鹳嘴翡翠	*Pelargopsis capensis*		二级	原名“鹳嘴翠鸟”
白胸翡翠	*Halcyon smyrnensis*		二级	
蓝耳翠鸟	*Alcedo meninting*		二级	
斑头大翠鸟	*Alcedo hercules*		二级	
啄木鸟目 PICIFORMES				
啄木鸟科 Picidae				
白翅啄木鸟	*Dendrocopos leucopterus*		二级	
三趾啄木鸟	*Picoides tridactylus*		二级	
白腹黑啄木鸟	*Dryocopus javensis*		二级	
黑啄木鸟	*Dryocopus martius*		二级	
大黄冠啄木鸟	*Chrysophlegma flavinucha*		二级	
黄冠啄木鸟	*Picus chlorolophus*		二级	
红颈绿啄木鸟	*Picus rabieri*		二级	
大灰啄木鸟	*Mulleripicus pulverulentus*		二级	
隼形目 FALCONIFORMES				
隼科 Falconidae				
红腿小隼	*Microhierax caerulescens*		二级	
白腿小隼	*Microhierax melanoleucus*		二级	
黄爪隼	*Falco naumanni*		二级	
红隼	*Falco tinnunculus*		二级	

（续表）

中文名	学名	保护级别		备注
西红脚隼	*Falco vespertinus*		二级	
红脚隼	*Falco amurensis*		二级	
灰背隼	*Falco columbarius*		二级	
燕隼	*Falco subbuteo*		二级	
猛隼	*Falco severus*		二级	
猎隼	*Falco cherrug*	一级		
矛隼	*Falco rusticolus*	一级		
游隼	*Falco peregrinus*		二级	
鹦形目 PSITTACIFORMES				
鹦鹉科 Psittacidae				
短尾鹦鹉	*Loriculus vernalis*		二级	
蓝腰鹦鹉	*Psittinus cyanurus*		二级	
亚历山大鹦鹉	*Psittacula eupatria*		二级	
红领绿鹦鹉	*Psittacula krameri*		二级	
青头鹦鹉	*Psittacula himalayana*		二级	
灰头鹦鹉	*Psittacula finschii*		二级	
花头鹦鹉	*Psittacula roseata*		二级	
大紫胸鹦鹉	*Psittacula derbiana*		二级	
绯胸鹦鹉	*Psittacula alexandri*		二级	
雀形目 PASSERIFORMES				
八色鸫科 Pittidae				
双辫八色鸫	*Pitta phayrei*		二级	
蓝枕八色鸫	*Pitta nipalensis*		二级	
蓝背八色鸫	*Pitta soror*		二级	
栗头八色鸫	*Pitta oatesi*		二级	
蓝八色鸫	*Pitta cyanea*		二级	
绿胸八色鸫	*Pitta sordida*		二级	
仙八色鸫	*Pitta nympha*		二级	

（续表）

中文名	学名	保护级别		备注
蓝翅八色鸫	*Pitta moluccensis*		二级	
阔嘴鸟科 Eurylaimidae				
长尾阔嘴鸟	*Psarisomus dalhousiae*		二级	
银胸丝冠鸟	*Serilophus lunatus*		二级	
黄鹂科 Oriolidae				
鹊鹂	*Oriolus mellianus*		二级	
卷尾科 Dicruridae				
小盘尾	*Dicrurus remifer*		二级	
大盘尾	*Dicrurus paradiseus*		二级	
鸦科 Corvidae				
黑头噪鸦	*Perisoreus internigrans*	一级		
蓝绿鹊	*Cissa chinensis*		二级	
黄胸绿鹊	*Cissa hypoleuca*		二级	
黑尾地鸦	*Podoces hendersoni*		二级	
白尾地鸦	*Podoces biddulphi*		二级	
山雀科 Paridae				
白眉山雀	*Poecile superciliosus*		二级	
红腹山雀	*Poecile davidi*		二级	
百灵科 Alaudidae				
歌百灵	*Mirafra javanica*		二级	
蒙古百灵	*Melanocorypha mongolica*		二级	
云雀	*Alauda arvensis*		二级	
苇莺科 Acrocephalidae				
细纹苇莺	*Acrocephalus sorghophilus*		二级	
鹎科 Pycnonotidae				
台湾鹎	*Pycnonotus taivanus*		二级	
莺鹛科 Sylviidae				
金胸雀鹛	*Lioparus chrysotis*		二级	

（续表）

中文名	学名	保护级别		备注
宝兴鹛雀	*Moupinia poecilotis*		二级	
中华雀鹛	*Fulvetta striaticollis*		二级	
三趾鸦雀	*Cholornis paradoxus*		二级	
白眶鸦雀	*Sinosuthora conspicillata*		二级	
暗色鸦雀	*Sinosuthora zappeyi*		二级	
灰冠鸦雀	*Sinosuthora przewalskii*	一级		
短尾鸦雀	*Neosuthora davidiana*		二级	
震旦鸦雀	*Paradoxornis heudei*		二级	
绣眼鸟科 Zosteropidae				
红胁绣眼鸟	*Zosterops erythropleurus*		二级	
林鹛科 Timaliidae				
淡喉鹩鹛	*Spelaeornis kinneari*		二级	
弄岗穗鹛	*Stachyris nonggangensis*		二级	
幽鹛科 Pellorneidae				
金额雀鹛	*Schoeniparus variegaticeps*	一级		
噪鹛科 Leiothrichidae				
大草鹛	*Babax waddelli*		二级	
棕草鹛	*Babax koslowi*		二级	
画眉	*Garrulax canorus*		二级	
海南画眉	*Garrulax owstoni*		二级	
台湾画眉	*Garrulax taewanus*		二级	
褐胸噪鹛	*Garrulax maesi*		二级	
黑额山噪鹛	*Garrulax sukatschewi*	一级		
斑背噪鹛	*Garrulax lunulatus*		二级	
白点噪鹛	*Garrulax bieti*	一级		
大噪鹛	*Garrulax maximus*		二级	
眼纹噪鹛	*Garrulax ocellatus*		二级	
黑喉噪鹛	*Garrulax chinensis*		二级	

（续表）

中文名	学名	保护级别		备注
蓝冠噪鹛	*Garrulax courtoisi*	一级		
棕噪鹛	*Garrulax berthemyi*		二级	
橙翅噪鹛	*Trochalopteron elliotii*		二级	
红翅噪鹛	*Trochalopteron formosum*		二级	
红尾噪鹛	*Trochalopteron milnei*		二级	
黑冠薮鹛	*Liocichla bugunorum*	一级		
灰胸薮鹛	*Liocichla omeiensis*	一级		
银耳相思鸟	*Leiothrix argentauris*		二级	
红嘴相思鸟	*Leiothrix lutea*		二级	
旋木雀科 Certhiidae				
四川旋木雀	*Certhia tianquanensis*		二级	
䴓科 Sittidae				
滇䴓	*Sitta yunnanensis*		二级	
巨䴓	*Sitta magna*		二级	
丽䴓	*Sitta formosa*		二级	
椋鸟科 Sturnidae				
鹩哥	*Gracula religiosa*		二级	
鸫科 Turdidae				
褐头鸫	*Turdus feae*		二级	
紫宽嘴鸫	*Cochoa purpurea*		二级	
绿宽嘴鸫	*Cochoa viridis*		二级	
鹟科 Muscicapidae				
棕头歌鸲	*Larvivora ruficeps*	一级		
红喉歌鸲	*Calliope calliope*		二级	
黑喉歌鸲	*Calliope obscura*		二级	
金胸歌鸲	*Calliope pectardens*		二级	
蓝喉歌鸲	*Luscinia svecica*		二级	
新疆歌鸲	*Luscinia megarhynchos*		二级	

（续表）

中文名	学名	保护级别		备注
棕腹林鸲	*Tarsiger hyperythrus*		二级	
贺兰山红尾鸲	*Phoenicurus alaschanicus*		二级	
白喉石䳭	*Saxicola insignis*		二级	
白喉林鹟	*Cyornis brunneatus*		二级	
棕腹大仙鹟	*Niltava davidi*		二级	
大仙鹟	*Niltava grandis*		二级	
岩鹨科 Prunellidae				
贺兰山岩鹨	*Prunella koslowi*		二级	
朱鹀科 Urocynchramidae				
朱鹀	*Urocynchramus pylzowi*		二级	
燕雀科 Fringillidae				
褐头朱雀	*Carpodacus sillemi*		二级	
藏雀	*Carpodacus roborowskii*		二级	
北朱雀	*Carpodacus roseus*		二级	
红交嘴雀	*Loxia curvirostra*		二级	
鹀科 Emberizidae				
蓝鹀	*Emberiza siemsseni*		二级	
栗斑腹鹀	*Emberiza jankowskii*	一级		
黄胸鹀	*Emberiza aureola*	一级		
藏鹀	*Emberiza koslowi*		二级	
爬行纲 REPTILIA				
龟鳖目 TESTUDINES				
平胸龟科 Platysternidae				
* 平胸龟	*Platysternon megacephalum*		二级	仅限野外种群
陆龟科 Testudinidae				
缅甸陆龟	*Indotestudo elongata*	一级		
凹甲陆龟	*Manouria impressa*	一级		
四爪陆龟	*Testudo horsfieldii*	一级		

（续表）

中文名	学名	保护级别		备注
地龟科 Geoemydidae				
* 欧氏摄龟	*Cyclemys oldhami*		二级	
* 黑颈乌龟	*Mauremys nigricans*		二级	仅限野外种群
* 乌龟	*Mauremys reevesii*		二级	仅限野外种群
* 花龟	*Mauremys sinensis*		二级	仅限野外种群
* 黄喉拟水龟	*Mauremys mutica*		二级	仅限野外种群
* 闭壳龟属所有种	*Cuora* spp.		二级	仅限野外种群
* 地龟	*Geoemyda spengleri*		二级	
* 眼斑水龟	*Sacalia bealei*		二级	仅限野外种群
* 四眼斑水龟	*Sacalia quadriocellata*		二级	仅限野外种群
海龟科 Cheloniidae				
* 红海龟	*Caretta caretta*	一级		原名“蠵龟”
* 绿海龟	*Chelonia mydas*	一级		
* 玳瑁	*Eretmochelys imbricata*	一级		
* 太平洋丽龟	*Lepidochelys olivacea*	一级		
棱皮龟科 Dermochelyidae				
* 棱皮龟	*Dermochelys coriacea*	一级		
鳖科 Trionychidae				
* 鼋	*Pelochelys cantorii*	一级		
* 山瑞鳖	*Palea steindachneri*		二级	仅限野外种群
* 斑鳖	*Rafetus swinhoei*	一级		
有鳞目 SQUAMATA				
壁虎科 Gekkonidae				
大壁虎	*Gekko gecko*		二级	
黑疣大壁虎	*Gekko reevesii*		二级	
球趾虎科 Sphaerodactylidae				
伊犁沙虎	*Teratoscincus scincus*		二级	
吐鲁番沙虎	*Teratoscincus roborowskii*		二级	

（续表）

中文名	学名	保护级别		备注
睑虎科 Eublepharidae				
英德睑虎	*Goniurosaurus yingdeensis*		二级	
越南睑虎	*Goniurosaurus araneus*		二级	
霸王岭睑虎	*Goniurosaurus bawanglingensis*		二级	
海南睑虎	*Goniurosaurus hainanensis*		二级	
嘉道理睑虎	*Goniurosaurus kadoorieorum*		二级	
广西睑虎	*Goniurosaurus kwangsiensis*		二级	
荔波睑虎	*Goniurosaurus liboensis*		二级	
凭祥睑虎	*Goniurosaurus luii*		二级	
蒲氏睑虎	*Goniurosaurus zhelongi*		二级	
周氏睑虎	*Goniurosaurus zhoui*		二级	
鬣蜥科 Agamidae				
巴塘龙蜥	*Diploderma batangense*		二级	
短尾龙蜥	*Diploderma brevicandum*		二级	
侏龙蜥	*Diploderma drukdaypo*		二级	
滑腹龙蜥	*Diploderma laeviventre*		二级	
宜兰龙蜥	*Diploderma luei*		二级	
溪头龙蜥	*Diploderma makii*		二级	
帆背龙蜥	*Diploderma vela*		二级	
蜡皮蜥	*Leiolepis reevesii*		二级	
贵南沙蜥	*Phrynocephalus guinanensis*		二级	
大耳沙蜥	*Phrynocephalus mystaceus*	一级		
长鬣蜥	*Physignathus cocincinus*		二级	
蛇蜥科 Anguidae				
细脆蛇蜥	*Ophisaurus gracilis*		二级	
海南脆蛇蜥	*Ophisaurus hainanensis*		二级	
脆蛇蜥	*Ophisaurus harti*		二级	
鳄蜥科 Shinisauridae				
鳄蜥	*Shinisaurus crocodilurus*	一级		

（续表）

中文名	学名	保护级别		备注
巨蜥科 Varanidae				
孟加拉巨蜥	*Varanus bengalensis*	一级		
圆鼻巨蜥	*Varanus salvator*	一级		原名“巨蜥”
石龙子科 Scincidae				
桓仁滑蜥	*Scincella huanrenensis*		二级	
双足蜥科 Dibamidae				
香港双足蜥	*Dibamus bogadeki*		二级	
盲蛇科 Typhlopidae				
香港盲蛇	*Indotyphlops lazelli*		二级	
筒蛇科 Cykindrophiidae				
红尾筒蛇	*Cylindrophis ruffus*		二级	
闪鳞蛇科 Xenopeltidae				
闪鳞蛇	*Xenopeltis unicolor*		二级	
蚺科 Boidae				
红沙蟒	*Eryx miliaris*		二级	
东方沙蟒	*Eryx tataricus*		二级	
蟒科 Pythonidae				
蟒蛇	*Python bivittatus*		二级	原名“蟒”
闪皮蛇科 Xenodermidae				
井冈山脊蛇	*Achalinus jinggangensis*		二级	
游蛇科 Colubridae				
三索蛇	*Coelognathus radiatus*		二级	
团花锦蛇	*Elaphe davidi*		二级	
横斑锦蛇	*Euprepiophis perlaceus*		二级	
尖喙蛇	*Rhynchophis boulengeri*		二级	
西藏温泉蛇	*Thermophis baileyi*	一级		
香格里拉温泉蛇	*Thermophis shangrila*	一级		
四川温泉蛇	*Thermophis zhaoermii*	一级		

（续表）

中文名	学名	保护级别		备注
黑网乌梢蛇	*Zaocys carinatus*		二级	
瘰鳞蛇科 Acrochordidae				
* 瘰鳞蛇	*Acrochordus granulatus*		二级	
眼镜蛇科 Elapidae				
眼镜王蛇	*Ophiophagus hannah*		二级	
* 蓝灰扁尾海蛇	*Laticauda colubrina*		二级	
* 扁尾海蛇	*Laticauda laticaudata*		二级	
* 半环扁尾海蛇	*Laticauda semifasciata*		二级	
* 龟头海蛇	*Emydocephalus ijimae*		二级	
* 青环海蛇	*Hydrophis cyanocinctus*		二级	
* 环纹海蛇	*Hydrophis fasciatus*		二级	
* 黑头海蛇	*Hydrophis melanocephalus*		二级	
* 淡灰海蛇	*Hydrophis ornatus*		二级	
* 棘眦海蛇	*Hydrophis peronii*		二级	
* 棘鳞海蛇	*Hydrophis stokesii*		二级	
* 青灰海蛇	*Hydrophis caerulescens*		二级	
* 平颏海蛇	*Hydrophis curtus*		二级	
* 小头海蛇	*Hydrophis gracilis*		二级	
* 长吻海蛇	*Hydrophis platurus*		二级	
* 截吻海蛇	*Hydrophis jerdonii*		二级	
* 海蝰	*Hydrophis viperinus*		二级	
蝰科 Viperidae				
泰国圆斑蝰	*Daboia siamensis*		二级	
蛇岛蝮	*Gloydius shedaoensis*		二级	
角原矛头蝮	*Protobothrops cornutus*		二级	
莽山烙铁头蛇	*Protobothrops mangshanensis*	一级		
极北蝰	*Vipera berus*		二级	
东方蝰	*Vipera renardi*		二级	

（续表）

中文名	学名	保护级别		备注
鳄目 CROCODYLIA				
鼍科 Alligatoridae				
* 扬子鳄	*Alligator sinensis*	一级		
两栖纲 AMPHIBIA				
蚓螈目 GYMNOPHIONA				
鱼螈科 Ichthyophiidae				
版纳鱼螈	*Ichthyophis bannanicus*		二级	
有尾目 CAUDATA				
小鲵科 Hynobiidae				
* 安吉小鲵	*Hynobius amjiensis*	一级		
* 中国小鲵	*Hynobius chinensis*	一级		
* 挂榜山小鲵	*Hynobius guabangshanensis*	一级		
* 猫儿山小鲵	*Hynobius maoershansis*	一级		
* 普雄原鲵	*Protohynobius puxiongensis*	一级		
* 辽宁爪鲵	*Onychodactylus zhaoermii*	一级		
* 吉林爪鲵	*Onychodactylus zhangyapingi*		二级	
* 新疆北鲵	*Ranodon sibiricus*		二级	
* 极北鲵	*Salamandrella keyserlingii*		二级	
* 巫山巴鲵	*Liua shihi*		二级	
* 秦巴巴鲵	*Liua tsinpaensis*		二级	
* 黄斑拟小鲵	*Pseudohynobius flavomaculatus*		二级	
* 贵州拟小鲵	*Pseudohynobius guizhouensis*		二级	
* 金佛拟小鲵	*Pseudohynobius jinfo*		二级	
* 宽阔水拟小鲵	*Pseudohynobius kuankuoshuiensis*		二级	
* 水城拟小鲵	*Pseudohynobius shuichengensis*		二级	
* 弱唇褶山溪鲵	*Batrachuperus cochranae*		二级	
* 无斑山溪鲵	*Batrachuperus karlschmidti*		二级	
* 龙洞山溪鲵	*Batrachuperus londongensis*		二级	

（续表）

中文名	学名	保护级别		备注
* 山溪鲵	*Batrachuperus pinchonii*		二级	
* 西藏山溪鲵	*Batrachuperus tibetanus*		二级	
* 盐源山溪鲵	*Batrachuperus yenyuanensis*		二级	
* 阿里山小鲵	*Hynobius arisanensis*		二级	
* 台湾小鲵	*Hynobius formosanus*		二级	
* 观雾小鲵	*Hynobius fuca*		二级	
* 南湖小鲵	*Hynobius glacialis*		二级	
* 东北小鲵	*Hynobius leechii*		二级	
* 楚南小鲵	*Hynobius sonani*		二级	
* 义乌小鲵	*Hynobius yiwuensis*		二级	
隐鳃鲵科 Cryptobranchidae				
* 大鲵	*Andrias davidianus*		二级	仅限野外种群
蝾螈科 Salamandroidae				
* 潮汕蝾螈	*Cynops orphicus*		二级	
* 大凉螈	*Liangshantriton taliangensis*		二级	原名“大凉疣螈”
* 贵州疣螈	*Tylototriton kweichowensis*		二级	
* 川南疣螈	*Tylototriton pseudoverrucosus*		二级	
* 丽色疣螈	*Tylototriton pulcherrima*		二级	
* 红瘰疣螈	*Tylototriton shanjing*		二级	
* 棕黑疣螈	*Tylototriton verrucosus*		二级	原名“细瘰疣螈”
* 滇南疣螈	*Tylototriton yangi*		二级	
* 安徽瑶螈	*Yaotriton anhuiensis*		二级	
* 细痣瑶螈	*Yaotriton asperrimus*		二级	原名“细痣疣螈”
* 宽脊瑶螈	*Yaotriton broadoridgus*		二级	
* 大别瑶螈	*Yaotriton dabienicus*		二级	
* 海南瑶螈	*Yaotriton hainanensis*		二级	
* 浏阳瑶螈	*Yaotriton liuyangensis*		二级	
* 莽山瑶螈	*Yaotriton lizhenchangi*		二级	

（续表）

中文名	学名	保护级别		备注
* 文县瑶螈	*Yaotriton wenxianensis*		二级	
* 蔡氏瑶螈	*Yaotriton ziegleri*		二级	
* 镇海棘螈	*Echinotriton chinhaiensis*	一级		原名“镇海疣螈”
* 琉球棘螈	*Echinotriton andersoni*		二级	
* 高山棘螈	*Echinotriton maxiquadratus*		二级	
* 橙脊瘰螈	*Paramesotriton aurantius*		二级	
* 尾斑瘰螈	*Paramesotriton caudopunctatus*		二级	
* 中国瘰螈	*Paramesotriton chinensis*		二级	
* 越南瘰螈	*Paramesotriton deloustali*		二级	
* 富钟瘰螈	*Paramesotriton fuzhongensis*		二级	
* 广西瘰螈	*Paramesotriton guangxiensis*		二级	
* 香港瘰螈	*Paramesotriton hongkongensis*		二级	
* 无斑瘰螈	*Paramesotriton labiatus*		二级	
* 龙里瘰螈	*Paramesotriton longliensis*		二级	
* 茂兰瘰螈	*Paramesotriton maolanensis*		二级	
* 七溪岭瘰螈	*Paramesotriton qixilingensis*		二级	
* 武陵瘰螈	*Paramesotriton wulingensis*		二级	
* 云雾瘰螈	*Paramesotriton yunwuensis*		二级	
* 织金瘰螈	*Paramesotriton zhijinensis*		二级	
无尾目 ANURA				
角蟾科 Megophryidae				
抱龙角蟾	*Boulenophrys baolongensis*		二级	
凉北齿蟾	*Oreolalax liangbeiensis*		二级	
金顶齿突蟾	*Scutiger chintingensis*		二级	
九龙齿突蟾	*Scutiger jiulongensis*		二级	
木里齿突蟾	*Scutiger muliensis*		二级	
宁陕齿突蟾	*Scutiger ningshanensis*		二级	
平武齿突蟾	*Scutiger pingwuensis*		二级	

（续表）

中文名	学名	保护级别		备注
哀牢髭蟾	*Vibrissaphora ailaonica*		二级	
峨眉髭蟾	*Vibrissaphora boringii*		二级	
雷山髭蟾	*Vibrissaphora leishanensis*		二级	
原髭蟾	*Vibrissaphora promustache*		二级	
南澳岛角蟾	*Xenophrys insularis*		二级	
水城角蟾	*Xenophrys shuichengensis*		二级	
蟾蜍科 Bufonidae				
史氏蟾蜍	*Bufo stejnegeri*		二级	
鳞皮小蟾	*Parapelophryne scalpta*		二级	
乐东蟾蜍	*Qiongbufo ledongensis*		二级	
无棘溪蟾	*Torrentophryne aspinia*		二级	
叉舌蛙科 Dicroglossidae				
* 虎纹蛙	*Hoplobatrachus chinensis*		二级	仅限野外种群
* 脆皮大头蛙	*Limnonectes fragilis*		二级	
* 叶氏肛刺蛙	*Yerana yei*		二级	
蛙科 Ranidae				
* 海南湍蛙	*Amolops hainanensis*		二级	
* 香港湍蛙	*Amolops hongkongensis*		二级	
* 小腺蛙	*Glandirana minima*		二级	
* 务川臭蛙	*Odorrana wuchuanensis*		二级	
树蛙科 Rhacophoridae				
巫溪树蛙	*Rhacophorus hongchibaensis*		二级	
老山树蛙	*Rhacophorus laoshan*		二级	
罗默刘树蛙	*Liuixalus romeri*		二级	
洪佛树蛙	*Rhacophorus hungfuensis*		二级	

（续表）

中文名	学名	保护级别		备注
文昌鱼纲 AMPHIOXI				
文昌鱼目 AMPHIOXIFORMES				
文昌鱼科 Branchiostomatidae				
* 厦门文昌鱼	*Branchiostoma belcheri*		二级	仅限野外种群，原名“文昌鱼”
* 青岛文昌鱼	*Branchiostoma tsingdauense*		二级	仅限野外种群
圆口纲 CYCLOSTOMATA				
七鳃鳗目 PETROMYZONTIFORMES				
七鳃鳗科 Petromyzontidae				
* 日本七鳃鳗	*Lampetra japonica*		二级	
* 东北七鳃鳗	*Lampetra morii*		二级	
* 雷氏七鳃鳗	*Lampetra reissneri*		二级	
软骨鱼纲 CHONDRICHTHYES				
鼠鲨目 LAMNIFORMES				
姥鲨科 Cetorhinidae				
* 姥鲨	*Cetorhinus maximus*		二级	
鼠鲨科 Lamnidae				
* 噬人鲨	*Carcharodon carcharias*		二级	
须鲨目 ORECTOLOBIFORMES				
鲸鲨科 Rhincodontidae				
* 鲸鲨	*Rhincodon typus*		二级	
鲼目 MYLIOBATIFORMES				
魟科 Dasyatidae				
* 黄魟	*Dasyatis bennettii*		二级	仅限陆封种群
硬骨鱼纲 OSTEICHTHYES				
鲟形目 ACIPENSERIFORMES				
鲟科 Acipenseridae				
* 中华鲟	*Acipenser sinensis*	一级		
* 长江鲟	*Acipenser dabryanus*	一级		原名“达氏鲟”

（续表）

中文名	学名	保护级别		备注
* 鳇	*Huso dauricus*	一级		仅限野外种群
* 西伯利亚鲟	*Acipenser baerii*		二级	仅限野外种群
* 裸腹鲟	*Acipenser nudiventris*		二级	仅限野外种群
* 小体鲟	*Acipenser ruthenus*		二级	仅限野外种群
* 施氏鲟	*Acipenser schrenckii*		二级	仅限野外种群
匙吻鲟科 Polyodontidae				
* 白鲟	*Psephurus gladius*	一级		
鳗鲡目 ANGUILLIFORMES				
鳗鲡科 Anguillidae				
* 花鳗鲡	*Anguilla marmorata*		二级	
鲱形目 CLUPEIFORMES				
鲱科 Clupeidae				
* 鲥	*Tenualosa reevesii*	一级		
鲤形目 CYPRINIFORMES				
双孔鱼科 Gyrinocheilidae				
* 双孔鱼	*Gyrinocheilus aymonieri*		二级	仅限野外种群
裸吻鱼科 Psilorhynchidae				
* 平鳍裸吻鱼	*Psilorhynchus homaloptera*		二级	
亚口鱼科 Catostomidae（原名“胭脂鱼科”）				
* 胭脂鱼	*Myxocyprinus asiaticus*		二级	仅限野外种群
鲤科 Cyprinidae				
* 唐鱼	*Tanichthys albonubes*		二级	仅限野外种群
* 稀有鮈鲫	*Gobiocypris rarus*		二级	仅限野外种群
* 鯮	*Luciobrama macrocephalus*		二级	
* 多鳞白鱼	*Anabarilius polylepis*		二级	
* 山白鱼	*Anabarilius transmontanus*		二级	
* 北方铜鱼	*Coreius septentrionalis*	一级		
* 圆口铜鱼	*Coreius guichenoti*		二级	仅限野外种群

（续表）

中文名	学名	保护级别		备注
* 大鼻吻鮈	*Rhinogobio nasutus*		二级	
* 长鳍吻鮈	*Rhinogobio ventralis*		二级	
* 平鳍鳅鮀	*Gobiobotia homalopteroidea*		二级	
* 单纹似鳡	*Luciocyprinus langsoni*		二级	
* 金线鲃属所有种	*Sinocyclocheilus* spp.		二级	
* 四川白甲鱼	*Onychostoma angustistomata*		二级	
* 多鳞白甲鱼	*Onychostoma macrolepis*		二级	仅限野外种群
* 金沙鲈鲤	*Percocypris pingi*		二级	仅限野外种群
* 花鲈鲤	*Percocypris regani*		二级	仅限野外种群
* 后背鲈鲤	*Percocypris retrodorslis*		二级	仅限野外种群
* 张氏鲈鲤	*Percocypris tchangi*		二级	仅限野外种群
* 裸腹盲鲃	*Typhlobarbus nudiventris*		二级	
* 角鱼	*Akrokolioplax bicornis*		二级	
* 骨唇黄河鱼	*Chuanchia labiosa*		二级	
* 极边扁咽齿鱼	*Platypharodon extremus*		二级	仅限野外种群
* 细鳞裂腹鱼	*Schizothorax chongi*		二级	仅限野外种群
* 巨须裂腹鱼	*Schizothorax macropogon*		二级	
* 重口裂腹鱼	*Schizothorax davidi*		二级	仅限野外种群
* 拉萨裂腹鱼	*Schizothorax waltoni*		二级	仅限野外种群
* 塔里木裂腹鱼	*Schizothorax biddulphi*		二级	仅限野外种群
* 大理裂腹鱼	*Schizothorax taliensis*		二级	仅限野外种群
* 扁吻鱼	*Aspiorhynchus laticeps*	一级		原名“新疆大头鱼”
* 厚唇裸重唇鱼	*Gymnodiptychus pachycheilus*		二级	仅限野外种群
* 斑重唇鱼	*Diptychus maculatus*		二级	
* 尖裸鲤	*Oxygymnocypris stewartii*		二级	仅限野外种群
* 大头鲤	*Cyprinus pellegrini*		二级	仅限野外种群
* 小鲤	*Cyprinus micristius*		二级	
* 抚仙鲤	*Cyprinus fuxianensis*		二级	

（续表）

中文名	学名	保护级别		备注
* 岩原鲤	*Procypris rabaudi*		二级	仅限野外种群
* 乌原鲤	*Procypris merus*		二级	
* 大鳞鲢	*Hypophthalmichthys harmandi*		二级	
鳅科 Cobitidae				
* 红唇薄鳅	*Leptobotia rubrilabris*		二级	仅限野外种群
* 黄线薄鳅	*Leptobotia flavolineata*		二级	
* 长薄鳅	*Leptobotia elongata*		二级	仅限野外种群
条鳅科 Nemacheilidae				
* 无眼岭鳅	*Oreonectes anophthalmus*		二级	
* 拟鲇高原鳅	*Triplophysa siluroides*		二级	仅限野外种群
* 湘西盲高原鳅	*Triplophysa xiangxiensis*		二级	
* 小头高原鳅	*Triphophysa minuta*		二级	
爬鳅科 Balitoridae				
* 厚唇原吸鳅	*Protomyzon pachychilus*		二级	
鲇形目 SILURIFORMES				
鲿科 Bagridae				
* 斑鳠	*Hemibagrus guttatus*		二级	仅限野外种群
鲇科 Siluridae				
* 昆明鲇	*Silurus mento*		二级	
𩷶科 Pangasiidae				
* 长丝𩷶	*Pangasius sanitwangsei*	一级		
钝头鮠科 Amblycipitidae				
* 金氏䱀	*Liobagrus kingi*		二级	
鮡科 Sisoridae				
* 长丝黑鮡	*Gagata dolichonema*		二级	
* 青石爬鮡	*Euchiloglanis davidi*		二级	
* 黑斑原鮡	*Glyptosternum maculatum*		二级	
* 魾	*Bagarius bagarius*		二级	

（续表）

中文名	学名	保护级别		备注
* 红𩽹	*Bagarius rutilus*		二级	
* 巨𩽹	*Bagarius yarrelli*		二级	
鲑形目 SALMONIFORMES				
鲑科 Salmonidae				
* 细鳞鲑属所有种	*Brachymystax* spp.		二级	仅限野外种群
* 川陕哲罗鲑	*Hucho bleekeri*	一级		
* 哲罗鲑	*Hucho taimen*		二级	仅限野外种群
* 石川氏哲罗鲑	*Hucho ishikawai*		二级	
* 花羔红点鲑	*Salvelinus malma*		二级	仅限野外种群
* 马苏大马哈鱼	*Oncorhynchus masou*		二级	
* 北鲑	*Stenodus leucichthys*		二级	
* 北极茴鱼	*Thymallus arcticus*		二级	仅限野外种群
* 下游黑龙江茴鱼	*Thymallus tugarinae*		二级	仅限野外种群
* 鸭绿江茴鱼	*Thymallus yaluensis*		二级	仅限野外种群
海龙鱼目 SYNGNATHIFORMES				
海龙鱼科 Syngnathidae				
* 海马属所有种	*Hippocampus* spp.		二级	仅限野外种群
鲈形目 PERCIFORMES				
石首鱼科 Sciaenidae				
* 黄唇鱼	*Bahaba taipingensis*	一级		
隆头鱼科 Labridae				
* 波纹唇鱼	*Cheilinus undulatus*		二级	仅限野外种群
鲉形目 SCORPAENIFORMES				
杜父鱼科 Cottidae				
* 松江鲈	*Trachidermus fasciatus*		二级	仅限野外种群，原名“松江鲈鱼”

（续表）

中文名	学名	保护级别		备注
半索动物门 HEMICHORDATA				
肠鳃纲 ENTEROPNEUSTA				
柱头虫目 BALANOGLOSSIDA				
殖翼柱头虫科 Ptychoderidae				
* 多鳃孔舌形虫	*Glossobalanus polybranchioporus*	一级		
* 三崎柱头虫	*Balanoglossus misakiensis*		二级	
* 短殖舌形虫	*Glossobalanus mortenseni*		二级	
* 肉质柱头虫	*Balanoglossus carnosus*		二级	
* 黄殖翼柱头虫	*Ptychodera flava*		二级	
史氏柱头虫科 Spengeliidae				
* 青岛橡头虫	*Glandiceps qingdaoensis*		二级	
玉钩虫科 Harrimaniidae				
* 黄岛长吻虫	*Saccoglossus hwangtauensis*	一级		
节肢动物门 ARTHROPODA				
昆虫纲 INSECTA				
双尾目 DIPLURA				
铗虫八科 Japygidae				
伟铗	*Atlasjapyx atlas*		二级	
䗛目 PHASMATODEA				
叶䗛科 Phyllidae				
丽叶䗛	*Phyllium pulchrifolium*		二级	
中华叶䗛	*Phyllium sinensis*		二级	
泛叶䗛	*Phyllium celebicum*		二级	
翔叶䗛	*Phyllium westwoodi*		二级	
东方叶䗛	*Phyllium siccifolium*		二级	
独龙叶䗛	*Phyllium drunganum*		二级	
同叶䗛	*Phyllium parum*		二级	
滇叶䗛	*Phyllium yunnanense*		二级	

（续表）

中文名	学名	保护级别		备注
藏叶䗛	*Phyllium tibetense*		二级	
珍叶䗛	*Phyllium rarum*		二级	
蜻蜓目 ODONATA				
箭蜓科 Gomphidae				
扭尾曦春蜓	*Heliogomphus retroflexus*		二级	原名“尖板曦箭蜓”
棘角蛇纹春蜓	*Ophiogomphus spinicornis*		二级	原名“宽纹北箭蜓”
缺翅目 ZORAPTERA				
缺翅虫科 Zorotypidae				
中华缺翅虫	*Zorotypus sinensis*		二级	
墨脱缺翅虫	*Zorotypus medoensis*		二级	
蛩蠊目 GRYLLOBLATTODAE				
蛩蠊科 Grylloblattidae				
中华蛩蠊	*Galloisiana sinensis*	一级		
陈氏西蛩蠊	*Grylloblattella cheni*	一级		
脉翅目 NEUROPTERA				
旌蛉科 Nemopteridae				
中华旌蛉	*Nemopistha sinica*		二级	
鞘翅目 COLEOPTERA				
步甲科 Carabidae				
拉步甲	*Carabus lafossei*		二级	
细胸大步甲	*Carabus osawai*		二级	
巫山大步甲	*Carabus ishizukai*		二级	
库班大步甲	*Carabus kubani*		二级	
桂北大步甲	*Carabus guibeicus*		二级	
贞大步甲	*Carabus penelope*		二级	
蓝鞘大步甲	*Carabus cyaneogigas*		二级	
滇川大步甲	*Carabus yunanensis*		二级	

（续表）

中文名	学名	保护级别		备注
硕步甲	*Carabus davidi*		二级	
两栖甲科 Amphizoidae				
中华两栖甲	*Amphizoa sinica*		二级	
长阎甲科 Synteliidae				
中华长阎甲	*Syntelia sinica*		二级	
大卫长阎甲	*Syntelia davidis*		二级	
玛氏长阎甲	*Syntelia mazuri*		二级	
臂金龟科 Euchiridae				
戴氏棕臂金龟	*Propomacrus davidi*		二级	
玛氏棕臂金龟	*Propomacrus muramotoae*		二级	
越南臂金龟	*Cheirotonus battareli*		二级	
福氏彩臂金龟	*Cheirotonus fujiokai*		二级	
格彩臂金龟	*Cheirotonus gestroi*		二级	
台湾长臂金龟	*Cheirotonus formosanus*		二级	
阳彩臂金龟	*Cheirotonus jansoni*		二级	
印度长臂金龟	*Cheirotonus macleayii*		二级	
昭沼氏长臂金龟	*Cheirotonus terunumai*		二级	
金龟科 Scarabaeidae				
艾氏泽蜣螂	*Scarabaeus erichsoni*		二级	
拜氏蜣螂	*Scarabaeus babori*		二级	
悍马巨蜣螂	*Heliocopris bucephalus*		二级	
上帝巨蜣螂	*Heliocopris dominus*		二级	
迈达斯巨蜣螂	*Heliocopris midas*		二级	
犀金龟科 Dynastidae				
戴叉犀金龟	*Trypoxylus davidis*		二级	原名“叉犀金龟”
粗尤犀金龟	*Eupatorus hardwickii*		二级	
细角尤犀金龟	*Eupatorus gracilicornis*		二级	
胫晓扁犀金龟	*Eophileurus tetraspermexitus*		二级	

（续表）

中文名	学名	保护级别		备注
锹甲科 Lucanidae				
安达刀锹甲	*Dorcus antaeus*		二级	
巨叉深山锹甲	*Lucanus hermani*		二级	
鳞翅目 LEPIDOPTERA				
凤蝶科 Papilionidae				
喙凤蝶	*Teinopalpus imperialism*		二级	
金斑喙凤蝶	*Teinopalpus aureus*	一级		
裳凤蝶	*Troides helena*		二级	
金裳凤蝶	*Troides aeacus*		二级	
荧光裳凤蝶	*Troides magellanus*		二级	
鸟翼裳凤蝶	*Troides amphrysus*		二级	
珂裳凤蝶	*Troides criton*		二级	
楔纹裳凤蝶	*Troides cuneifera*		二级	
小斑裳凤蝶	*Troides haliphron*		二级	
多尾凤蝶	*Bhutanitis lidderdalii*		二级	
不丹尾凤蝶	*Bhutanitis ludlowi*		二级	
双尾褐凤蝶	*Bhutanitis mansfieldi*		二级	
玄裳尾凤蝶	*Bhutanitis nigrilima*		二级	
三尾褐凤蝶	*Bhutanitis thaidina*		二级	
玉龙尾凤蝶	*Bhutanitis yulongensisn*		二级	
丽斑尾凤蝶	*Bhutanitis pulchristriata*		二级	
锤尾凤蝶	*Losaria coon*		二级	
中华虎凤蝶	*Luehdorfia chinensis*		二级	
蛱蝶科 Nymphalidae				
最美紫蛱蝶	*Sasakia pulcherrima*		二级	
黑紫蛱蝶	*Sasakia funebris*		二级	
绢蝶科 Parnassidae				
阿波罗绢蝶	*Parnassius apollo*		二级	

（续表）

中文名	学名	保护级别		备注
君主娟蝶	*Parnassius imperator*		二级	
大斑霾灰蝶	*Maculinea arionides*		二级	
秀山霾灰蝶	*Phengaris xiushani*		二级	
蛛形纲 ARACHNIDA				
蜘蛛目 ARANEAE				
捕鸟蛛科 Theraphosidae				
海南塞勒蛛	*Cyriopagopus hainanus*		二级	
肢口纲 MEROSTOMATA				
剑尾目 XIPHOSURA				
鲎科 Tachypleidae				
* 中国鲎	*Tachypleus tridentatus*		二级	
* 圆尾蝎鲎	*Carcinoscorpius rotundicauda*		二级	
软甲纲 MALACOSTRACA				
十足目 DECAPODA				
龙虾科 Palinuridae				
* 锦绣龙虾	*Panulirus ornatus*		二级	仅限野外种群
软体动物门 MOLLUSCA				
双壳纲 BIVALVIA				
珍珠贝目 PTERIOIDA				
珍珠贝科 Pteriidae				
* 大珠母贝	*Pinctada maxima*		二级	仅限野外种群
帘蛤目 VENEROIDA				
砗磲科 Tridacnidae				
* 大砗磲	*Tridacna gigas*	一级		原名“库氏砗磲”
* 无鳞砗磲	*Tridacna derasa*		二级	仅限野外种群
* 鳞砗磲	*Tridacna squamosa*		二级	仅限野外种群
* 长砗磲	*Tridacna maxima*		二级	仅限野外种群
* 番红砗磲	*Tridacna crocea*		二级	仅限野外种群

（续表）

中文名	学名	保护级别		备注
* 砗蚝	*Hippopus hippopus*		二级	仅限野外种群
蚌目 UNIONIDA				
珍珠蚌科 Margaritanidae				
* 珠母珍珠蚌	*Margarritiana dahurica*		二级	仅限野外种群
蚌科 Unionidae				
* 佛耳丽蚌	*Lamprotula mansuyi*		二级	
* 绢丝丽蚌	*Lamprotula fibrosa*		二级	
* 背瘤丽蚌	*Lamprotula leai*		二级	
* 多瘤丽蚌	*Lamprotula polysticta*		二级	
* 刻裂丽蚌	*Lamprotula scripta*		二级	
截蛏科 Solecurtidae				
* 中国淡水蛏	*Novaculina chinensis*		二级	
* 龙骨蛏蚌	*Solenaia carinatus*		二级	
头足纲 CEPHALOPODA				
鹦鹉螺目 NAUTILIDA				
鹦鹉螺科 Nautilidae				
* 鹦鹉螺	*Nautilus pompilius*	一级		
腹足纲 GASTROPODA				
田螺科 Viviparidae				
* 螺蛳	*Margarya melanioides*		二级	
蝾螺科 Turbinidae				
* 夜光蝾螺	*Turbo marmoratus*		二级	
宝贝科 Cypraeidae				
* 虎斑宝贝	*Cypraea tigris*		二级	
冠螺科 Cassididae				
* 唐冠螺	*Cassis cornuta*		二级	原名“冠螺”
法螺科 Charoniidae				
* 法螺	*Charonia tritonis*		二级	

（续表）

中文名	学名	保护级别		备注
刺胞动物门 CNIDARIA				
珊瑚纲 ANTHOZOA				
角珊瑚目 ANTIPATHARIA				
* 角珊瑚目所有种	ANTIPATHARIA spp.		二级	
石珊瑚目 SCLERACTINIA				
* 石珊瑚目所有种	SCLERACTINIA spp.		二级	
苍珊瑚目 HELIOPORACEA				
苍珊瑚科 Helioporidae				
* 苍珊瑚科所有种	Helioporidae spp.		二级	
软珊瑚目 ALCYONACEA				
笙珊瑚科 Tubiporidae				
* 笙珊瑚	*Tubipora musica*		二级	
红珊瑚科 Coralliidae				
* 红珊瑚科所有种	Coralliidae spp.	一级		
竹节柳珊瑚科 Isididae				
* 粗糙竹节柳珊瑚	*Isis hippuris*		二级	
* 细枝竹节柳珊瑚	*Isis minorbrachyblasta*		二级	
* 网枝竹节柳珊瑚	*Isis reticulata*		二级	
水螅纲 HYDROZOA				
花裸螅目 ANTHOATHECATA				
多孔螅科 Milleporidae				
* 分叉多孔螅	*Millepora dichotoma*		二级	
* 节块多孔螅	*Millepora exaesa*		二级	
* 窝形多孔螅	*Millepora foveolata*		二级	
* 错综多孔螅	*Millepora intricata*		二级	
* 阔叶多孔螅	*Millepora latifolia*		二级	
* 扁叶多孔螅	*Millepora platyphylla*		二级	
* 娇嫩多孔螅	*Millepora tenera*		二级	

（续表）

中文名	学名	保护级别		备注
柱星螅科 Stylasteridae				
* 无序双孔螅	*Distichopora irregularis*		二级	
* 紫色双孔螅	*Distichopora violacea*		二级	
* 佳丽刺柱螅	*Errina dabneyi*		二级	
* 扇形柱星螅	*Stylaster flabelliformis*		二级	
* 细巧柱星螅	*Stylaster gracilis*		二级	
* 佳丽柱星螅	*Stylaster pulcher*		二级	
* 艳红柱星螅	*Stylaster sanguineus*		二级	
* 粗糙柱星螅	*Stylaster scabiosus*		二级	

注：标“*”者，由渔业行政主管部门主管；未标“*”者，由林业和草原主管部门主管。

附录二

贵州省国家重点保护野生动物名录（2021版）

中文名	学名	保护级别		备注
脊索动物门 CHORDATA				
哺乳纲 MAMMALIA				
灵长目 PRIMATES				
猴科 Cercopithecidae				
短尾猴	*Macaca arctoides*		二级	
熊猴	*Macaca assamensis*		二级	
猕猴	*Macaca mulatta*		二级	
藏酋猴	*Macaca thibetana*		二级	
黑叶猴	*Trachypithecus francoisi*	一级		
黔金丝猴	*Rhinopithecus brelichi*	一级		
鳞甲目 PHOLIDOTA				
鲮鲤科 Manidae				
穿山甲	*Manis pentadactyla*	一级		
食肉目 CARNIVORA				
犬科 Canidae				
狼	*Canis lupus*		二级	
豺	*Cuon alpinus*	一级		
貉	*Nyctereutes procyonoides*		二级	仅限野外种群
赤狐	*Vulpes vulpes*		二级	
小熊猫科 Ailuridae				
小熊猫	*Ailurus fulgens*		二级	

（续表）

中文名	学名	保护级别		备注
熊科 Ursidae				
黑熊	*Ursus thibetanus*		二级	
鼬科 Mustelidae				
黄喉貂	*Martes flavigula*		二级	
* 小爪水獭	*Aonyx cinerea*		二级	
* 水獭	*Lutra lutra*		二级	
灵猫科 Viverridae				
大灵猫	*Viverra zibetha*	一级		
小灵猫	*Viverricula indica*	一级		
林狸科 Prionodontidae				
斑林狸	*Prionodon pardicolor*		二级	
猫科 Felidae				
丛林猫	*Felis chaus*	一级		
金猫	*Pardofelis temminckii*	一级		
豹猫	*Prionailurus bengalensis*		二级	
云豹	*Neofelis nebulosa*	一级		
豹	*Panthera pardus*	一级		
虎	*Panthera tigris*	一级		
麝科 Moschidae				
林麝	*Moschus berezovskii*	一级		
鹿科 Cervidae				
水鹿	*Cervus equinus*		二级	
毛冠鹿	*Elaphodus cephalophus*		二级	
牛科 Bovidae				
中华斑羚	*Naemorhedus griseus*		二级	
中华鬣羚	*Capricornis milneedwardsii*		二级	原名“鬣羚”

（续表）

中文名	学名	保护级别		备注
鸟纲 AVES				
鸡形目 GALLIFORMES				
雉科 Phasianidae				
褐胸山鹧鸪	*Arborophila brunneopectus*		二级	
红腹角雉	*Tragopan temminckii*		二级	
勺鸡	*Pucrasia macrolopha*		二级	
红原鸡	*Gallus gallus*		二级	原名“原鸡”
白鹇	*Lophura nycthemera*		二级	
白颈长尾雉	*Syrmaticus ellioti*	一级		
黑颈长尾雉	*Syrmaticus humiae*	一级		
白冠长尾雉	*Syrmaticus reevesii*	一级		
红腹锦鸡	*Chrysolophus pictus*		二级	
白腹锦鸡	*Chrysolophus amherstiae*		二级	
雁形目 ANSERIFORMES				
鸭科 Anatidae				
小白额雁	*Anser erythropus*		二级	
小天鹅	*Cygnus columbianus*		二级	
大天鹅	*Cygnus cygnus*		二级	
鸳鸯	*Aix galericulata*		二级	
棉凫	*Nettapus coromandelianus*		二级	
青头潜鸭	*Aythya baeri*	一级		
斑头秋沙鸭	*Mergellus albellus*		二级	
中华秋沙鸭	*Mergus squamatus*	一级		
䴙䴘目 PODICIPEDIFORMES				
䴙䴘科 Podicipedidae				
黑颈䴙䴘	*Podiceps nigricollis*		二级	
鸽形目 COLUMBIFORMES				
鸠鸽科 Columbidae				
红翅绿鸠	*Treron sieboldii*		二级	

（续表）

中文名	学名	保护级别		备注
鹃形目 CUCULIFORMES				
杜鹃科 Cuculidae				
褐翅鸦鹃	*Centropus sinensis*		二级	
小鸦鹃	*Centropus bengalensis*		二级	
鹤形目 GRUIFORMES				
秧鸡科 Rallidae				
棕背田鸡	*Zapornia bicolor*		二级	
紫水鸡	*Porphyrio porphyrio*		二级	
鹤科 Gruidae				
灰鹤	*Grus grus*		二级	
白头鹤	*Grus monacha*	一级		
黑颈鹤	*Grus nigricollis*	一级		
鸻形目 CHARADRIIFORMES				
水雉科 Jacanidae				
水雉	*Hydrophasianus chirurgus*		二级	
鹬科	*Scolopacidae*			
白腰杓鹬	*Numenius arquata*		二级	
大滨鹬	*Calidris tenuirostris*		二级	
鹳形目 CICONIIFORMES				
鹳科 Ciconiidae				
彩鹳	*Mycteria leucocephala*	一级		
黑鹳	*Ciconia nigra*	一级		
东方白鹳	*Ciconia boyciana*	一级		
鹈形目 PELECANIFORMES				
鹮科 Threskiornithidae				
彩鹮	*Plegadis falcinellus*	一级		
白琵鹭	*Platalea leucorodia*		二级	
黑脸琵鹭	*Platalea minor*	一级		

（续表）

中文名	学名	保护级别		备注
鹭科 Ardeidae				
海南鳽	*Gorsachius magnificus*	一级		原名“海南虎斑鳽”
鹰形目 ACCIPITRIFORMES				
鹗科 Pandionidae				
鹗	*Pandion haliaetus*		二级	
鹰科 Accipitridae				
黑翅鸢	*Elanus caeruleus*		二级	
凤头蜂鹰	*Pernis ptilorhynchus*		二级	
褐冠鹃隼	*Aviceda jerdoni*		二级	
黑冠鹃隼	*Aviceda leuphotes*		二级	
秃鹫	*Aegypius monachus*	一级		
蛇雕	*Spilornis cheela*		二级	
鹰雕	*Nisaetus nipalensis*		二级	
乌雕	*Clanga clanga*	一级		
草原雕	*Aquila nipalensis*	一级		
白肩雕	*Aquila heliaca*	一级		
金雕	*Aquila chrysaetos*	一级		
白腹隼雕	*Aquila fasciata*		二级	
凤头鹰	*Accipiter trivirgatus*		二级	
褐耳鹰	*Accipiter badius*		二级	
赤腹鹰	*Accipiter soloensis*		二级	
日本松雀鹰	*Accipiter gularis*		二级	
松雀鹰	*Accipiter virgatus*		二级	
雀鹰	*Accipiter nisus*		二级	
苍鹰	*Accipiter gentilis*		二级	
白头鹞	*Circus aeruginosus*		二级	
白腹鹞	*Circus spilonotus*		二级	
白尾鹞	*Circus cyaneus*		二级	

（续表）

中文名	学名	保护级别		备注
鹊鹞	*Circus melanoleucos*		二级	
黑鸢	*Milvus migrans*		二级	
白尾海雕	*Haliaeetus albicilla*	一级		
大鵟	*Buteo hemilasius*		二级	
灰脸鵟鹰	*Butastur indicus*		二级	
普通鵟	*Buteo japonicus*		二级	
鸮形目 STRIGIFORMES				
鸱鸮科 Strigidae				
领角鸮	*Otus lettia*		二级	
红角鸮	*Otus sunia*		二级	
雕鸮	*Bubo bubo*		二级	
黄腿渔鸮	*Ketupa flavipes*		二级	
褐林鸮	*Strix leptogrammica*		二级	
灰林鸮	*Strix aluco*		二级	
领鸺鹠	*Glaucidium brodiei*		二级	
斑头鸺鹠	*Glaucidium cuculoides*		二级	
鹰鸮	*Ninox scutulata*		二级	
长耳鸮	*Asio otus*		二级	
短耳鸮	*Asio flammeus*		二级	
草鸮科 Tytonidae				
草鸮	*Tyto longimembris*		二级	
咬鹃目 TROGONIFORMES				
咬鹃科 Trogonidae				
红头咬鹃	*Harpactes erythrocephalus*		二级	
佛法僧目 CORACIIFORMES				
蜂虎科 Meropidae				
栗喉蜂虎	*Merops philippinus*		二级	
翠鸟科 Alcedinidae				
白胸翡翠	*Halcyon smyrnensis*		二级	

（续表）

中文名	学名	保护级别		备注
隼形目 FALCONIFORMES				
隼科 Falconidae				
白腿小隼	*Microhierax melanoleucus*		二级	
红隼	*Falco tinnunculus*		二级	
红脚隼	*Falco amurensis*		二级	
灰背隼	*Falco columbarius*		二级	
燕隼	*Falco subbuteo*		二级	
游隼	*Falco peregrinus*		二级	
雀形目 PASSERIFORMES				
八色鸫科 Pittidae				
仙八色鸫	*Pitta nympha*		二级	
阔嘴鸟科 Eurylaimidae				
长尾阔嘴鸟	*Psarisomus dalhousiae*		二级	
黄鹂科 Oriolidae				
鹊鹂	*Oriolus mellianus*		二级	
莺鹛科 Sylviidae				
金胸雀鹛	*Lioparus chrysotis*		二级	
暗色鸦雀	*Sinosuthora zappeyi*		二级	
绣眼鸟科 Zosteropidae				
红胁绣眼鸟	*Zosterops erythropleurus*		二级	
噪鹛科 Leiothrichidae				
画眉	*Garrulax canorus*		二级	
褐胸噪鹛	*Garrulax maesi*		二级	
眼纹噪鹛	*Garrulax ocellatus*		二级	
棕噪鹛	*Garrulax berthemyi*		二级	
橙翅噪鹛	*Trochalopteron elliotii*		二级	
红尾噪鹛	*Trochalopteron milnei*		二级	
银耳相思鸟	*Leiothrix argentauris*		二级	
红嘴相思鸟	*Leiothrix lutea*		二级	

（续表）

中文名	学名	保护级别		备注
䴓科 Sittidae				
滇䴓	*Sitta yunnanensis*		二级	
巨䴓	*Sitta magna*		二级	
鸫科 Turdidae				
褐头鸫	*Turdus feae*		二级	
紫宽嘴鸫	*Cochoa purpurea*		二级	
鹟科 Muscicapidae				
红喉歌鸲	*Calliope calliope*		二级	
蓝喉歌鸲	*Luscinia svecica*		二级	
白喉林鹟	*Cyornis brunneatus*		二级	
棕腹大仙鹟	*Niltava davidi*		二级	
鹀科 Emberizidae				
蓝鹀	*Emberiza siemsseni*		二级	
黄胸鹀	*Emberiza aureola*	一级		
爬行纲 REPTILIA				
龟鳖目 TESTUDINES				
平胸龟科 Platysternidae				
* 平胸龟	*Platysternon megacephalum*		二级	仅限野外种群
地龟科 Geoemydidae				
* 乌龟	*Mauremys reevesii*		二级	仅限野外种群
* 眼斑水龟	*Sacalia bealei*		二级	仅限野外种群
鳖科 Trionychidae				
* 山瑞鳖	*Palea steindachneri*		二级	仅限野外种群
有鳞目 SQUAMATA				
睑虎科 Eublepharidae				
荔波睑虎	*Goniurosaurus liboensis*		二级	
蛇蜥科 Anguidae				
细脆蛇蜥	*Ophisaurus gracilis*		二级	
脆蛇蜥	*Ophisaurus harti*		二级	

（续表）

中文名	学名	保护级别		备注
蟒科 Pythonidae				
蟒蛇	*Python bivittatus*		二级	原名“蟒”
游蛇科 Colubridae				
三索蛇	*Coelognathus radiatus*		二级	
眼镜蛇科 Elapidae				
眼镜王蛇	*Ophiophagus hannah*		二级	
蝰科 Viperidae				
角原矛头蝮	*Protobothrops cornutus*		二级	
两栖纲 AMPHIBIA				
有尾目 CAUDATA				
小鲵科 Hynobiidae				
* 贵州拟小鲵	*Pseudohynobius guizhouensis*		二级	
* 金佛拟小鲵	*Pseudohynobius jinfo*		二级	
* 宽阔水拟小鲵	*Pseudohynobius kuankuoshuiensis*		二级	
* 水城拟小鲵	*Pseudohynobius shuichengensis*		二级	
隐鳃鲵科 Cryptobranchidae				
* 大鲵	*Andrias davidianus*		二级	仅限野外种群
蝾螈科 Salamandroidae				
* 贵州疣螈	*Tylototriton kweichowensis*		二级	
* 文县瑶螈	*Yaotriton wenxianensis*		二级	
* 尾斑瘰螈	*Paramesotriton caudopunctatus*		二级	
* 龙里瘰螈	*Paramesotriton longliensis*		二级	
* 茂兰瘰螈	*Paramesotriton maolanensis*		二级	
* 武陵瘰螈	*Paramesotriton wulingensis*		二级	
* 织金瘰螈	*Paramesotriton zhijinensis*		二级	
无尾目 ANURA				
角蟾科 Megophryidae				
峨眉髭蟾	*Vibrissaphora boringii*		二级	
雷山髭蟾	*Vibrissaphora leishanensis*		二级	

（续表）

中文名	学名	保护级别		备注
水城角蟾	*Xenophrys shuichengensis*		二级	
叉舌蛙科 Dicroglossidae				
* 虎纹蛙	*Hoplobatrachus chinensis*		二级	仅限野外种群
蛙科 Ranidae				
* 务川臭蛙	*Odorrana wuchuanensis*		二级	
硬骨鱼纲 OSTEICHTHYES				
鲟形目 Acipenseriformes				
鲟科 Acipenseridae				
中华鲟 *	*Acipenser sinensis*	一级		
长江鲟 *	*Acipenser dabryanus*	一级		
匙吻鲟科 Polyodontidae				
白鲟 *	*Psephurus gladius*	一级		
鳗鲡目 Anguilliformes				
鳗鲡科 Anguillidae				
花鳗鲡 *	*Anguilla marmorata*		二级	
鲤形目 Cypriniformes				
亚口鱼科 Catostomidae（原名“胭脂鱼科”）				
胭脂鱼 *	*Myxocyprinus asiaticus*		二级	仅限野外种群
鲤科 Cyprinidae				
鯮 *	*Luciobrama macrocephalus*		二级	
山白鱼 *	*Anabarilius transmontanus*		二级	
圆口铜鱼 *	*Coreius guichenoti*		二级	仅限野外种群
长鳍吻鮈 *	*Rhinogobio ventralis*		二级	
单纹似鳡 *	*Luciocyprinus langsoni*		二级	
金线鲃属所有种类 *	*Sinocyclocheilus* spp.		二级	
四川白甲鱼 *	*Onychostoma angustistomata*		二级	
金沙鲈鲤 *	*Percocypris pingi*		二级	仅限野外种群
花鲈鲤 *	*Percocypris regani*		二级	
细鳞裂腹鱼 *	*Schizothorax chongi*		二级	

（续表）

中文名	学名	保护级别		备注
重口裂腹鱼 *	*Schizothorax davidi*		二级	
岩原鲤 *	*Procypris rabaudi*		二级	仅限野外种群
乌原鲤 *	*Procypris merus*		二级	
鳅科 Cobitidae				
红唇薄鳅 *	*Leptobotia rubrilabris*		二级	
长薄鳅 *	*Leptobotia elongata*		二级	仅限野外种群
条鳅科 Nemacheilidae				
湘西盲高原鳅 *	*Triplophysa xiangxiensis*		二级	
鲇形目 Siluriformes				
鲿科 Bagridae				
斑鳠 *	*Hemibagrus guttatus*		二级	
节肢动物门 ARTHROPODA				
昆虫纲 INSECTA				
䗛目 PHASMATODEA				
叶䗛科 Phyllidae				
泛叶䗛 *	*Phyllium celebicum*		二级	
鞘翅目 COLEOPTERA				
步甲科 Carabidae				
桂北大步甲 *	*Carabus guibeicus*		二级	
臂金龟科 Euchiridae				
阳彩臂金龟 *	*Cheirotonus jansoni*		二级	
鳞翅目 LEPIDOPTERA				
凤蝶科 Papilionidae				
金裳凤蝶 *	*Troides aeacus*		二级	
蛱蝶科 Nymphalidae				
黑紫蛱蝶 *	*Sasakia funebris*		二级	

注：标“*”者，由渔业行政主管部门主管；未标“*”者，由林业和草原主管部门主管。

索引

中文名索引

英文名索引

学名索引